煮えたぎる川

アンドレス・ルーソ
シャノン・N・スミス 訳

The Boiling River
Adventure and Discovery
in the Amazon
Andrés Ruzo

朝日出版社
Asahi Press

TEDBooks

本文中の引用文については可能なかぎり既存の和訳を参照し、
一部は内容に沿うよう改訳しています。——訳者

訳注は[★]で示しています。

人生最大の発見、
妻でありフィールドパートナーである
ソフィーアに

目次

第1章

暗闇の中の啓示

私は川の真ん中で、岩の上に立っている。ジャングルの夜が降り注ぐ。本能的にヘッドランプに手を伸ばし、電源を切ると、暗闇が完成した。じっと待つ。ずっと暗闇が恋しかったのだ。息を吸う。空気が、いくらアマゾンとはいえ、異常に熱く、ムッとしている。目が慣れてくると、ジャングルの姿が少しずつ闇の中から浮かび上がってくる――黒、灰色、ダークブルー、銀色に輝く白も見える。驚きだ。ライトが点いているあいだは見えなかった。新月で月明かりはほとんどない。空を覆う無数の星が広大なジャングルを照らしだし、一つひとつの葉や石にそのやさしい光を投げかけている。星の光の中で、蒸気が幽霊のように、周りに立ち上っている。細長く伸びる蒸気もあれば、そのあまりの大きさにスローモーションのように揺れている雲状の蒸気もある。

岩の上に横たわり、じっと蒸気が夜空に上るのを見つめた。涼しい風が吹くと湯気がもくもく立ちこめ、空を背にして薄く灰色がかった青い渦を巻く。身体の下にある岩は、かすかな光の中でわずかに白く輝いている。その表面に触れている背中や足が少し汗ばむ。2車線道路よりも幅が広く、落ちれば死に至るほどの熱湯が岩の横を激しく流れ、夜のジャングルのコーラスをその轟音でかき消す。私の感覚は鋭くなり、すべてに細心の注意を払っている。

私がいるのは、ペルーのジャングルの奥地だ。他のメンバーは近くの小さな村で寝ているが、これを目の前にして、眠れるわけがない。心臓が激しく鼓動しているが、気持ちは落ち着いている。天空へと消えゆく蒸気を目で追う。まるで地上の川を映し出すかのように、天の川が空を流れている。インカ帝国の人々も天の川を「天空の川」と呼んだ。違う世界へと続く道。精霊たちが住む場所。蒸気がこの2つの偉大な川をつなぐ。ここに住む人々がジャングルをスピリチュアルな力の宿る場所だと考えている理由は明らかだ。あのシャーマンの言葉が頭の中でこだまする。「この川は私たちが見なければいけないものを見せてくれるのです」

この冒険は、人生最高の経験のひとつになるだろう。将来子どもや孫に話して聞かせることになる――私が今ここでとる行動の一つひとつが、そのストーリーを構成する新しいピースとなる。一秒一秒が、その重要性を増していくようだ。熱湯が右腕にかかる。腕を胸のほうに引き、身体を起こす。もう考え事に耽《ふけ》ってはいない。フィールドスクール（主に夏期に教室外で行なわれる実践的講習）で火山学の教授が言っていたことを思い出す。「火山で死ぬのは危険を知らない未熟者か、危険を忘れてしまったベテランだ」

私は立ち上がり、足元を確認し、いちばん近い川岸へジャンプして戻った。「煮えたぎる川」を振り返って見ると、興奮して声が漏れた。「本当にあったんだ。本当の本当にあったんだ」。シャーマンはこう言った。「目的があって、川があなたを呼んだのです」。さらに大きなミッションが始まろうとしているのがわかる。今夜はあまり眠れないだろう。

蒸気が星明りの下で踊るなか、小屋への帰路につく。川のことや、それを取り囲む真っ暗なジャングルや、まだここには書いていないストーリーのことで頭の中がいっぱいだった。それは幼い頃に聞いた伝説から始まるストーリー――最初はとても信じられないと思えたことをやはり理解したいという気持ちに駆られた、探検と発見。現代の科学と伝統的な世界観が、乱暴にではなく、互いに尊重し合いながら衝突し、自然に対する畏敬の念を通じてひとつになるストーリーだ。

あらゆるものが調査され、測量され、理解されているような現代において、

この川は、私たちがすでに知っていると思っていることに疑問を投げかける。既知と未知、古代と現代、科学とスピリチュアルの境界線を、私は否応なしに疑うことになった。この川は、未発見の驚異がまだたくさんあることを教えてくれる。驚異は未知なる世界の漆黒の闇の中だけでなく、日常の「ホワイトノイズ」の中にもある——ほとんど気づかれないもの、忘れかけていたこと、ストーリーの枝葉にさえ、存在するのだ。

第2章

祖父の言い伝え

ティーカップに少しずつ注がれる湯の音が、キッチンの涼しい空気を満たす。私はリマの灰色の冬空へと伸びるアンデス山脈の丘を窓から覗いた。冬のリマにはいつもある種の静寂があるが、この8月も例外ではなかった。12歳の私は従叔母《じゅうしゅくぼ》の家のキッチンに座って、今か今かと祖父の到着を待っている。

私が時計を眺めているあいだ、従叔母の料理人をしているディオニはシンクで大きなペルーニンジンの皮をむく。彼女は私にとって祖母のような存在だ。「来てくれてうれしいわ」。仕事から目を離さずに彼女は言う。ディオニは強いケチュア語訛《なま》りのスペイン語を話す。インカの人々の言語であるケチュア語の話し方は、ゆっくりしていて、口をあまり開かない。寒いアンデスの高地で発展した結果らしい。ディオニの声を聞くと、スペインによる征服からすでに400年以上経つ今日でも、インカの人々の言語はまだまだ生きているのだと思う。

彼女は続けた。「リディアから聞いたんだけど、あなたのお父さんとお父さんの兄弟たち、あなたを1週間もマルカワシ高原に連れて行ったんですって？　あそこは高すぎるし、あなたは若すぎよ！」

私はアイランドキッチンの端にあるスツールに座り、コカ茶を用意した。湯が薄い金色になるまで、灰色がかった緑の葉を煎じる。

「マルカワシで入手したの?」ディオニに聞かれて、私は頷いた。

「山脈で採れるコカの葉は本物よ。スーパーで買えるものよりずっとおいしい」

最初の一口を飲み、素朴な草の風味を楽しむ。つい先週、寒いマルカワシ高原で私はひどい高山病にかかった。コカ茶を飲むことでしか気分は良くならなかった。

ようやく祖父が両手を広げながらドアから入ってきた。私は彼のもとへ走り、抱きつくと、彼が面白い顔をしたので笑った。感情を隠さずに、言葉や仕草で表現できる人々が世の中にはいる。私の祖父はというと、感情を顔で表現するのがとにかく得意な人なのだ。

従叔母のリディアも一緒だ。「何か飲みますか？」彼女は祖父に聞く。「紅茶とか」。祖父は首を横に振る。「コーヒーですか？」また首を振る。「インカコーラ？　ジュース？　お水？」そして最後に「ピスコ（ブドウから作るペルーの蒸留酒）？」と問われると、祖父は姿勢を正し、ニヤッとした。

「ブエーノ（いいねえ）。もしいただけるのなら……」

リディアは丁寧に折り畳んだナプキンを高級なシルバートレイに載せる。開けたばかりの最高級のピスコの瓶にコルクを軽く戻して、チューリップ型のシャンパングラスと一緒に持ってきた。祖父が注ぎ、みなで乾杯する。彼はピスコで、私はコカ茶で。

祖父はマルカワシの旅について語り始めた。自分なら、いかにより良く、賢く、効率よく物事をこなせたかと。集中力が切れてきて、彼の声が遠のいていく。

ピシッ！　丸めた雑誌で突然頭を叩かれ、ハッと我に返る。「グアナコ（リャマの仲間）！　聞きなさい！　とても大事な話をしてるんだぞ！」彼に叱られて顔をしかめる。すると、驚いたことに彼の苛立った表情はゆるみ、代わりに誇らしげな笑みが浮かんだ。

「おまえの表情は私のように豊かだな！」と彼は言う。「私の遺伝子がおまえに引き継がれているようでよかったよ」。私はまだ顔をしかめたままだった。

「よし、カングレホ（蟹）、おまえが元気になるようにひとつ話を聞かせてやろう」

途端に私は元気になり、期待に胸を膨らませる。祖父の話が大好きなのだ。

「これは冒険の物語だ。スペインのペルー征服、インカの呪い、アマゾンの深くに眠る失われた黄金都市の物語」。祖父はピスコをもう一口飲んだ。私はすっかり魅了され、祖父を見つめる。「これはパイティティについての伝説だ」

「パイティティ?」

「あの征服は決して神のためのものなんかじゃなかった」。祖父は続ける。「たしかにコンキスタドール（征服者）たちは修道士を何人か連れてきた。でも彼らが本当にほしかったのは黄金と栄光だ」。私は床にあぐらをかいてじっと座っている。祖父は語り始めた。

――1532年、フランシスコ・ピサロとその部下たちはインカ帝国の北の国境からペルーに上陸した。インカは熾烈《しれつ》な内戦の真っただ中で国中スパイだらけ。上陸直後からスペイン人は密かに監視され、彼らの行動と習慣は逐一報告された。コンキスタドールたちが神でないことはすぐにわかったが、ひとつだけ解せないことがあった。黄金に対する彼らの執着だ。インカの人々はこう語った――スペイン人は村に侵入してくるやいなや「黄金はどこだ?」と威嚇《いかく》してくる。手に入れるまで終わらない、と。その執着はあまりに度を超えていたため、インカの人々の多くは、スペイン人は黄金を食べないと生きていけないのだと信じた。黄金を神の力の現われとして崇《あが》めていたインカの人々にとって、彼らの強奪は理解しがたいものだった。

インカ皇帝アタワルパは、臣民を悩ませるこの外国人たちにどう対処すればよいか考えていた。ある顧問官は彼らを捕えて火あぶりにするよう提案した。しかしアタワルパは恐怖心よりも好奇心を抱いていた。たかだか170人の白い盗っ人に何ができるというのか? アタワルパは数百万人の上に君臨する皇帝。率いる軍は25万人以上。地上最強の太陽の子、風の魔法を自在に操る。

アタワルパの送った使者が引見のためにコンキスタドールたちをカハマルカに招くと、彼らはそれに応じた。しかし、平和なはずの面会の場で、彼らはアタワルパに不意打ちをかけた。数では大幅に負けていたものの装備で勝っていたスペイン人たちは、インカを圧倒したのだった。

今や囚われの身となったアタワルパは、自分を捕えた者たちをするどく睨みつけた。誰も彼と目を合わせられない。まるで太陽を覗き込むようだ、とスペイン人たちは語った。彼は威厳たっぷりに近くの壁まで歩き、手を伸ばせるだけ上に伸ばして線を引いて、従者を呼んだ。体を傾ける従者の耳元にアタワルパがささやく。従者は立ち上がり、スペイン人たちにこう告げた。

「皇帝はおっしゃいました。もし命を助けここから出してくれるならば、この線のところまで部屋全体を1度目は黄金で、2度目は銀で埋めようと」

スペイン人たちは話し合った。それだけの黄金と銀があれば、夢見た以上の莫大な富を得られる。彼らが条件をのむと、アタワルパは念を押した。アタワルパの身を引き渡した彼らの神に誓うようにと。

その後2カ月間にわたり、帝国中からアタワルパの身代金として金、銀、宝石が集まってくるのをコンキスタドールたちが見守った。ついにアタワルパ側の条件は満たされた。失意に沈みながらも、彼は生きてそこを出られるはずだった。

さらに月日が経った。アタワルパを捕らえた者たちは彼を殺しはしなかったし、それなりに良い待遇もした。が、彼はまだ囚われの身のままだった。「自らの神に誓ったことを破るはずはない」。彼はそう自分に言い聞かせた。

ある夜、従者がアタワルパのもとへ来て耳元でささやいた。「スペイン人が陛下のことを生かしておくのは危険だと言っていたのを漏れ聞きました。御身を捕らえた者たちは誓いを破り、明日、お命を奪いに来ます」。そこに見張りのスペイン人が通りかかり、何をやっているのかと詰問してきた。「皇帝にモーニングティー用の新鮮なコカの葉をお持ちしただけです」。新鮮な葉が入った布袋をアタワルパに手渡しながら、彼はそう言った。コカの葉を見た見張りは、従者を追い払う。アタワルパは朝に備えた——。

私はコカ茶を飲みきった。裏切られたと知ったときのアタワルパの姿を想像しながら。

「翌日」と祖父は続ける。「アタワルパが目を覚ますと、武装兵によって裁判に連行されることになっていると知った」

——アタワルパは自分の身を守る武器を持っていない。彼を連行しに来た者たちが近づいてくると、アタワルパは布袋の中に手を入れた。3枚の葉を両手で取り出し、叫んだ。「白人め！　この葉でおまえらを呪ってやる。母なるコカよ、やつらの悪行を忘れるな！　やつらの国に疫病をもたらし、私の仇《かたき》を打つのだ！」彼はスペイン人に葉を投げつけ、コカの葉の呪いをかけた。

こうしてアタワルパは処刑されたが、インカは戦い続けた。スペイン人が征服を完成させるのにそれから40年かかった。1572年にインカ帝国最後の皇帝、「蛇の王」トゥパク・アマルがクスコの広場で1万5千人の臣民を前にして絞首刑に処されると、苦闘はついに終わった。

インカ帝国は征服され、彼らの神聖なる黄金――生命そのもののシンボル――は征服者の欲望を満たすために溶かされた。

コルテスやピサロのあとに続いて、コンキスタドールになることを夢見る者たちが波のように押し寄せた。ほかに征服できる文明はどこにあるかと尋ねる彼らに、インカの人々はこう答えた。「東に向かい、アンデスを越えたところに植物の国がある。そこにパイティティという――すべてが黄金から成る巨大都市がある」

スペイン人たちは調査隊をアマゾンに送り込んだ。インカの人々は冷やかな表情で彼らを静観する。ついにいちばんの願いが実現するのだ――それは復讐。

アマゾンから生きて帰ってきた数少ないスペイン人たちはその恐怖体験を語った。征服から逃れたインカの民に遭遇し、さあ金欲を満たせと、どろどろに溶けた金をむりやり飲ませられた。アマゾンの住民にも遭遇した。ジャングルそのものに命令して攻撃を仕向ける強烈な魔力を持つシャーマンや、瞬く間に人を死に至らしめる毒矢を放つ獰猛な戦士ども――。

「スペイン人たちが迷い込んだのは、高く生い茂った木々で日光が完全に遮断された場所だった」。祖父は小声で語る。「果てしない闇の中を行進していると、蚊やサシバエにつぎつぎ血を吸われる。ジャングルは単調な緑で彼らの気を狂わせ、見たこともない野生動物の音と病原菌に満ちた水たまりで彼らを愚弄した。飢え、渇き、狂気。人間を丸飲みする大蛇。鳥を喰らうクモ。『煮えたぎる川』についても、彼らは語った」

「彼らは結局パイティティを見つけられなかった。エデンの園があると思われていたジャングルは、実はこの世の地獄だったのだ」。祖父は息を吐き、ピスコを楽しむため深く座った。私は言葉を失い、その場で固まっている。ジャングル、謎だらけのパイティティ、獰猛なシャーマン、巨大ヘビ、「煮えたぎる川」。頭の中を想像が駆け巡る。リディアが部屋に入ってきたことにかろうじて気づいた。

彼女は口をすぼめ祖父の様子を見た。「もう十分飲んだみたいね」と言って、半分空いた瓶を回収する。

リディアが部屋を出ていくと、祖父は笑った。私のほうを向いて、笑顔のまま言う。「おい、パパチト（イケメン）、世界は広いぞ。彼らはまだパイティティをいろいろな呼び名のもとで探している。だが覚えていなさい。ジャングルは秘密を守るのが得意なのだ。そして秘密を暴きに来る者がいれば、躊躇なく捕える」

第3章

バカげた質問

「煮えたぎる川だって？」上級地質研究員は嘲けるように笑った。上等なスーツ、しっかりとクシで整えられた白髪、シワのある顔。先住民とヨーロッパ人の血が混じった、現代的なペルー人の顔つきだ。ペルーの未開地域を長年にわたり踏査してきた自信と権威をにじませながら彼は語る。大きな執務室が彼の成功を物語っている。ウアコ（人工遺物）、岩石標本、ペルーのあちこちから集められた文明品の数々が、色濃く鮮やかなアマゾン木材でできた本棚に立ち並ぶ本のあいだに飾られている。戦利品が展示された、21世紀版コンキスタドール氏の書斎にいるような気になってしまう。

「はい」。私は答える。「伝説によるとペルーのアマゾンの奥地に『煮えたぎる川』があるそうです。たしかに言い伝えは往々にして脚色されるものですが、もしかして、と思いまして」

彼は軽蔑的な視線を立派なデスクの向こう側から投げかけてきた。

2011年5月。24歳の私は、ダラスにある南メソジスト大学の博士課程の学生だ。分野は地球物理学。地熱の研究が専門である。博士論文の野外調査を始めるために、ここリマにやって来た。私の目標、つまり研究の目的は、ペルー初の詳細な地熱マップを作ることだ。地熱マップとは、地殻から地上へと流れる熱エネルギーを定量化したものである。主に3つの有用な用途がある。第1に、地熱マップは地熱という再生可能エネルギーのありかを示してくれる。第2に、天然ガス・石油産業をより環境にやさしいものにしてくれる。その情報を使えばより正確に調査と採掘ができるので、不要な探鉱を減らすことができるのだ。最後に、地熱マップはテクトニクス（構造地質学）、火山学、地震学といった地球科学の諸分野の理解を進めるツールとして欠かせない。

しかし、地熱マップを作る難しさは周知の事実である。それぞれの「熱流場」の地中深くの正確な温度データと石のサンプルが必要なのだ。地熱の研究者は、よく数キロメートル単位の岩の向こう側に必要なデータやサンプルがあるような状況に遭遇する。さらに、新しい井戸を掘るには費用がかかるうえ、環境に悪影響を与えてしまうことも珍しくない。こうした障害があるため、私は石油や天然ガス、採鉱企業の人たちと交流を持つようになった。すでにある石油や天然ガス、採鉱用の井戸を利用して地中深くの温度データを収集し、地熱の研究のために再利用できるのではと考えているのだ。

地質研究員はこのアイデアは気に入ったようだが、伝説に関する質問はよく思っていないようだ。

「アンドレス、君は頭が良い」と彼は言う。「君の地図製作の研究は興味深い。既存のインフラを使おうという発想はとても良いし、革新的だ。なのに、なんでそんな古い伝説にわけのわからない魅力を感じているんだ？ アマゾンの『煮えたぎる川』なんて聞いたことがない。ペルーにはさまざまな地熱徴候（地下の地熱活動によって地表に現れる徴候）があるが、ジャングルに『煮えたぎる川』があるなんて考えにくい。君もわかっているだろう。博士を取ろうとしているのは、そもそも君なんだぞ」

昨年、共同研究者たちとINGEMMET（ペルー政府が運営する地質鉱業冶金研究所）を訪れるまで、伝説のことをすっかり忘れていた。彼らはすでにペルー内にある発見済みの熱水泉や火山の噴気孔等の地熱徴候を記載したマップを作成していた。それを見て、祖父から聞いた伝説の記憶が目を覚まし、「煮えたぎる川」のイメージが蘇ったのだ。

聞いてみたところ、彼らは色んな地熱徴候をジャングルで目撃したが、「煮えたぎる川」と言えるほど大きなものには遭遇していないという。大多数の意見は、そのようなものは恐らくありえないだろうし、たぶん話が脚色されたのではなかろうか、というものだった。祖父は、その頃すでに認知症になっていて、あの話の出所を見つける助けにはならなそうだった。そこで私は、エネルギーや採鉱企業、大学あるいは政府機関の地質学者たちにアマゾンの「煮えたぎる川」を聞いたことがないか質問してまわった。彼らの答えは一様にノーだったが、誰もこの上級研究員ほどはっきりとは言わなかった。

「教えてくれ。『煮えたぎる川』ができるには何が必要だ？ 相当量の流れる水と、すさまじい熱源だ。たしかに世界には沸騰する川そのものはあるが、私が今まで聞いてきたものはすべて活火山やマグマ関連のものしかない。そしてそのどちらもアマゾンにはない。ペルーの火山活動のほとんどが200万年ほど前に『停止』した原因を突き止めるうえでこの地熱マップが役立つかもしれないと言ったのは君だぞ。この伝説が本当でありそうもないと、君は誰よりもわかっているはずだ。

君は頭が良い。だけど君のために言う。私ならそんなバカげた質問はしない。評判を落とすことになるぞ」。私は可能なかぎり何事もなかったかのようなふりをしながらオフィスビルを出て、タクシーを拾った。

——とても未熟な人間の発言に聞こえたに違いない。あの年配地質学者の言うとおりだ。もし科学者として尊敬されたいのなら、バカげた質問をしてまわるのはやめたほうがいい。あの伝説はどこにも記録されていない。科学的に考えてもほぼありえない。聞いたことがあるという専門家もいない。そろそろあきらめたらどうだろう。ときには、ストーリーはただのストーリーでしかない。

第4章

ストーリーの枝葉

２０１１年７月初旬。妻のソフィーアとともにリマに来てからすでに２週間経った。ペルー北西部に位置するタララ砂漠の油田で、向こう数カ月間にわたって行なう予定の野外調査の準備を進めている。ペルーの地熱マップを作るために、油井《ゆせい》（原油を採取するための井戸）跡の温度を記録するのだ。私たちが滞在していたのは、おじのエオとおばのギダの家［★１］。２人は今夜、私たちのために小さなお別れ会を開いてくれた。いつの間にか私の席はギダの隣になっていた。

「アンドレス、ケリード（親愛なる者）！」ブラジル先住民訛りのスペイン語で彼女は言う。「まだ着いたばかりじゃない！」何カ月かしたらリマに戻って来ると私は約束する。

「研究を始めてもう2年ね」。ギダは言う。「何かびっくりするような発見はあった？」

ピスコを一口飲む。ここでプロとして回答するならば、ペルーの地熱エネルギーの地図製作に関連する話をするだろう。しかし、先週の年配地質学者とのミーティングがまだ頭から離れない。もしかしたらピスコのせいかもしれないし、まだ傷ついたままのプライドのせいかもしれないのだが、何かが私の心を彼女に開かせた。私は、祖父から聞いたストーリーの真相を調べよ

★1—ラテンアメリカ系の家族では、血のつながりがなくても家族のように親しく付き合っている人のことを、愛情を込めて「ティオ（おじ）」や「ティア（おば）」と呼ぶ風習がある。ギダとエオは、アンドレスと血のつながりはないが、彼にとっては家族なのである。

うと試みていることと、高名な科学者たちにバカげた質問をし続けていることを話した。

「たぶん、ただのストーリーなんだと思う」と私は締めくくる。「だけど、どうしてもまだ気になるんだよね」

ギダは困惑した表情を見せる。そしてゆっくりと言った。「アンドレス、だけどあるわよ。ジャングルには熱湯が流れる大きな川が。行ったし、泳いだこともあるし！」

ギダはジョーク好きだ。「何言ってるの、ティア（おばさん）」。笑いながら私は言う。

「本当よ」。彼女の顔は真剣だ。

ギダの反対側に座っているエオが口を開く。「彼女の言っていることは本当だぞ！　激しい雨のあとか、温度が低いところでしか泳げないんだ」

私は当惑した。エオは有名な精神分析家だ。話は正確で、盛り上げるために合わせたりはしない。「本当?」私は真顔で聞いた。

「神聖な場所よ。強い魔力を持つシャーマンが守っている」。ギダは言う。

「ギダは、看護師をやってる彼の奥さんと友達なんだ」とエオが続く。

ギダは頷く。「マヤントゥヤクっていう名前のヒーリングセンター［★2］があって、そこの目の前を川は流れている。幅は道路2車線分もあって、流れがとっても速いのよ!」

かつてアマゾンの先住民と共同で社会・環境保全事業を行なっていた経歴をギダは持つ。とはいえ、にわかには信じがたい。アイフォンを手に取って「マヤントゥヤク」を検索する。結果なし。ギダとエオは、これに驚いたようだ。外国からも定期的に訪れる人たちがいる、と主張してきた。アシャニンカのコミュニティと仕事をしている友人から、2人は以前招かれたことがあ

★2―現代医療以外の伝統医療・自然医療などを施す施設。マヤントゥヤクでは、植物薬を中心に祈祷・温泉治療などが行なわれている。

るのだ。

「どこにあるの？」グーグルアースのアプリを立ち上げながら私は言う。

「ペルーのアマゾンの中心部、そこにあるジャングルの中」。ギダは言う。「プカルパから4時間くらい。車、それからモーター付きカヌーに乗って、最後は徒歩よ」

画面で現地を調べる。ギダとエオの説明と自らの地質学の知識を頼りに、マヤントゥヤクがありそうなところを探す。解像度がきわめて低い衛星画像だが、プカルパを48キロほど南下したところに5×8キロほどの大きな卵型の地形を見つけた。縁があり、広大なドームが中央から浮き出ている。

「その川で硫黄の臭いってする？——腐った卵みたいな」と私は聞く。火山系独特の強烈な臭いのもとは硫化水素だ。

「硫黄の臭いはないわよね」。ギダはそう言いながらエオのほうを見る。エオは頷く。

「川の長さは覚えてる?」私は畳みかける。

「いや」とエオは答える。「でも、少なくとも180メートルは熱湯状態で流れている。何カ所かカーブしているところがあるから、正確な長さはわからないけど、ものすごい光景だぞ」

マヤントゥヤクあるいはその神聖な川について何か手がかりがオンライン上にないかと検索を続けるが、何も見つからない。たぶん無理だろうとは思いつつも、かつてストーリーの中で聞いた川が見つかるのでは、というかすかな希望に興奮を覚えた。

もう送別会のことはそっちのけだ。ギダは私の腕にやさしく手を置いて言った。「もしかしたらグーグルさんは今夜あまり調子が良くないのかもね」。私は落胆を隠せない。力なく彼女に微笑む。

「安心して」。彼女は言う。「マヤントゥヤクの電話番号とメールアドレスを持ってくるから。明日連絡してみなさい」

心を現在に戻すが、夜が明けるのが待ち遠しくてしょうがない。早く、もっと、知りたい。

翌日、飛行機に乗るため早く起きた。これから1カ月タララに滞在するのだ。出る前にギダがくれた番号に電話して、メッセージを残した。ジャングルの電話はあまり当てにならないからメールも送った。着陸後、留守電とメールを確認した。返答はなかった。

その後数カ月にわたり、マヤントゥヤクに電話をかけたりメールを送ったりしたが、ひとつも返答はない。私の希望と興奮は、苛立ちへと変化していった。

地質学の文献を見直して、プカルパ周辺に熱湯が流れる大きな川の記述がないか探す。が、何も見つからなかった。ペルー政府が作成した地図にも載っていない。唯一そのエリアの地熱徴候に言及している史料は、1965年にアメリカ地質調査所（USGS）が世界中の熱水泉についてまとめたものしかない。このUSGSの調査は、私がグーグルアースで見かけた「アグア・カリエンテ（熱湯）・ドーム」に「小さな熱水泉」があることについて暗に言及している。

この「小さな熱水泉」は1945年の調査が参照元になっているのだが、当の文献は地熱徴候について何も触れていない。その1945年の調査は1939年の調査へと私を導く。そこで、あのドームはペルーのアマゾンで初めて行なわれた石油開発の場所であることを学ぶ。が、またしても熱水泉についての言及はない。しかし、そこから石油開発以前の時代における最初で最後の「アグア・カリエンテ・ドーム」の地質調査の存在に辿り着く。モーランとファイフによる1933年のレポートだ。

このモーラン論文のところで私はいよいよ行き詰まった。いくら探しても、その論文が見つからないのだ。アメリカに戻ってからも探し続けるしかない。

月日が経ち、砂漠での野外調査のシーズンが終わる。10月下旬、エオとギダの家で私たちは、リマでの最後の週を過ごしている。

「マヤントゥヤクから何か連絡はあった？」ギダが聞いてくる。

「何も」と私は言った。再度マヤントゥヤクを検索するためにノートパソコンを開く。「何か見つからないかなって、オンラインで何度も調べてるんだけどね……おー！」

ギダは直ちにスクリーンを覗き込んできた。そこには「www.mayantuyacu.com」とあった。

「いやいや、まさか！」私は叫ぶ。「シャーマンがウェブサイトを作ってる！」

「エル・ペルー・アバンサ（ペルーは前進する）」。ギダは笑う。

サイトには電話番号、メールアドレス、プカルパの住所が載っている。何度も連絡している電話番号とアドレスであることに気づき、落胆する。

「これでやっと住所が入手できたわね」。ギダはカウチに座る私の横に腰掛けて、期待を込めて言う。「聞いて、アンドレス。私は今までアマゾンの色んなところに住む先住民と仕事をしてきたの。そこの人たちの現代社会との関わり方はとても興味深い。アマゾンの人々はインカを受け入れなかったし、スペインに関してもほとんど受け入れなかった――取り囲まれて、動物以下の扱いを受けるまでは。正直言って、彼らが何も返事をしなかったことに対して驚かなかったわ。間違いなくあなたのメールを受け取って読んでいるだろうし、留守電も確認しているはずよ。でもあなたは何て声をかけた？――オラ（こんにちは）、私の名前はアンドレス・ルーソ。地熱エネルギーについて学んでいる地質学者です。私は『ナショナルジオグラフィック』から援助を受けています。タララでの調査を行なっているのですが、あなたの場所でも調査いたしたく……」

声に出されると、私の愚かさが浮き彫りになった。声を穏やかにしてギダは続ける。「あなたがどうして地質学者になったかわかっている。なんであなたが今やっていることをやっているか、そして地熱エネルギーをなんで学んでいるかもわかっている。あなたはとても正直で良い子で、信頼が置けて、神聖なる場所に危害なんて加えるわけがないことも私はわかっている――でも彼らはそれを知らない。アマゾンでの乱開発について考えてみなさい。地質学者こそが、その地域で石油・天然ガス・採鉱の開発が始まって以来ずっと『進展』の最前線にいるのよ。マヤントゥヤクは神聖な場所であることを忘れないで。そしてアマゾンの人々が今までの歴史の中で受けてきた屈辱と合わせて考えてみて……ね、彼らがいっさい連絡を折り返してこない理由が見えてこない?」

「そしたら、どうすればいいと思う?」苛立ちを含んだ声で私は聞く。

ギダはきっぱりと言う。「ジャングルに行くしかない」

第5章

灯台下暗し

まるで白い海の上に浮かぶ茶色い島々のようだ。山頂がひょこひょこと雲のあいだから姿を現し始めた。少しずつ数が増えていき、やがてひとつにつながった。海岸沿いの雲を締め出す巨大な壁だ。地球最長の山脈、アンデスの上空を私たちは飛んでいる。

山の背や地形がよく見える。山々は地殻変動の力を物語る。高山の湖や肥沃な谷間を作った、見えない手だ。一連の谷はインカの穀倉地帯だった。今も子孫が土地を耕している。巨大な褶曲《しゅうきょく》はその土地の形を作り、貴重な鉱物を人が掘れば届く地表近くへと押し上げている。

ギダは私の横の席で眠っている。「彼らはメールや電話ではあなたに連絡してこないわ」。昨夜リマで彼女はそう言った。「電話やメールだと人は簡単にだまされる。だけど直に目を合わせて時間をともにすれば、けっこう早くその人の人となりが見える。直接会わないとだめ。連れて行ってあげる」

断る理由はたくさんあった。1週間後にはダラスに向けて発つ。私は大学院生で、限られた予算で動いている。シャーマンがそこにいるかわからないし、仮にいたとしても、私と話したがるだろうか？

しかしそこに「煮えたぎる川」があるのなら、即座に飛行機のチケットを購入してウエブサイトに載っているプカルパの住所を事前連絡なしで訪問し、ジャングルの奥深くへと4時間進んだところにある神聖なる川とマヤントゥヤクを訪れる許可をもらう。そうすることが、川を見るために今打てる最善の手であることは間違いない。

アンデスが徐々に低く緑色になっていく。飛行機は雲を突き抜けながら下降する。視界が開けると、世界が変わっていた。茶は緑に、岩は木に、取って代わられていた。アマゾニア（アマゾン川流域）が四方に広がる。11月。雨季の真っただ中。大きく膨れ上がった大小の川がジャングルの中を駆け抜ける。膨張した沼地に太陽の光が反射している。水平線へと広がっていく平らなジャングルを目で追う私の頭の中は、質問でいっぱいだった。この広大な風景のどこにマヤントゥヤクはあるのだろう？　本当にここに祖父から聞いた伝説の川があるのだろうか？　実際に沸騰しているのだろうか？

プカルパに到着した。タクシーを捕まえる。年季の入った、今にも壊れそうな三輪タクシーを運転するのは、丸みを帯びたアマゾンの男だ。タクシーよりも高そうな最新のスマホを彼は耳に押し当て続けている。私たちはバックシートに座った。

マヤントゥヤクに向かってデコボコ道を進む。ギダも私もほとんど口を開かない。お互いに同じことを考えているのだろうか。私は、住所が合っていればいいけど、と思っていた。その思考を追い出そうと、窓から外を見る。初めてのアマゾンだ。それまで感じていた旅の疲れのいっさいは今や興奮によって吹き飛ばされていた。ペルーはよく、ひとつの中に3つの国があると言われている。海岸、山々、ジャングル。プカルパの色や風景は馴染みのある海岸や山々とは明らかに違うのだが、やけに親しみが湧いている自分に驚く。

プカルパは発展途上国の内にある大きな近代都市、グローバル化が伝統で着飾った都市だ。近代的なビルに野営地、整った道路、多数のショッピングセンター。すべてが発展を物語っている。手入れの行き届いた新しい車やオートバイがたくさん横切るのを眺める。空港を出発して以来、ドライバーはずっと電話でのおしゃべりに夢中だ。ラジオからはアマゾンのクンビアが流れている。エンジン音が響くなか、タクシーの古いプラスチックカバーがパタパタ音を立てる。

都市部を抜けると、プカルパの住宅地に差しかかった。「もうすぐだ」。ラジオの音越しにドライバーが叫んだ。まだ電話中だ。舗装された通りから赤土の道へと進む。ところどころ、巨大な水たまりが見える。

「あそこよ！」ギダが突然叫んだ。タクシーは急停車した。ギダが指差している方向を見る。左のほうに羽目板張りの緑色の家があった。「全然変わっていない！」ドライバーにお別れの挨拶をする。ギダは窓もノブもないドアをノックした。

「どちらさまですか？」不安げな女性の声が聞こえる。

「こんにちは！　ギダと申します。サンドラとマエストロ・フアンの古い友達です。お二人は今おうちにいますか？」

ドアがゆっくりと開くと、女性が姿を現した。アマゾン出身の彼女の肌は少し褐色がかっていて、瞳は黒く上がり目で、髪は真っ黒だ。彼女は自己紹介をしてきて、サンドラとマエストロは今いないと告げてきた。「でも電話できるわよ」。興奮気味に私たちは頷いた。彼女はドアを大きく開けて、私たちを中へと案内してくれた。薄暗く狭い木造の廊下を抜けて、大きなオフィスに入った。ギダと女性が電話をかける。私は部屋の中を見回した。

すべての物がきれいに整頓されている。棚にある小物から壁にかかっている写真に至るまで。それぞれの写真には、幸せそうに微笑みながら黒く鋭い視線をこちらに向けている顔が写っている。複雑で幾何学的なデザインが施されたシピボ族の壺や彫刻や編み物。アシャニンカ族のローブや頭飾りが壁にかかっている。弓矢、シードビーズのネックレス、カタツムリの殻、熱帯地方の鳥の羽、乾燥した太い蔓《つる》といったものがそれらを取り囲む。

こうした伝統的な装飾品と並んで、近代ペルーを象徴するものもある。小さなペルー国旗、「ペルーの奇跡」を写した大きなポスターの数々。マルカワシで現地の人々に崇められている顔の形をした巨石——通称「人類のモニュメント」——の額入りポスターが、マチュピチュとナスカの地上絵のポスターのあいだに掛けられている。子どものころ高山病で苦しみ、コカ茶で癒やした思い出のあるマルカワシ。壁にかかっている他の場所に比べるとあまり知られていない。ここにあるのがうれしい。深いつながりのある場所なのだ。

私の曽祖父ダニエル・ルーツは、人生の後半をマルカワシについて探究し世に発表することに捧げた。生まれつきの哲学者であり、探検家。遺跡や人の手で彫られたかのような巨石で溢れるこの不思議なアンデスの高原を守るために尽力した。彼が撮った写真や出版物のおかげで、ほとんど無名のまま見捨てられたこの土地は、人々に愛される国立公園となった。そこを訪れる観光客によって、地元の人々は経済的な支えを得た。

伝統を重んじる心とペルー人の誇りのほかに、ここの装飾は驚くべき3つ目のストーリーを語る。黄金でできた中国の銭蛙《ぜにがえる》（銭をくわえる3本足のカエルの置物）が、鼻に米ドル札をねじ込まれたセラミック製のインドゾウの横に座っている。グアダルーペの聖母の大きなポスターが部屋を見守る。その両脇に飾られているのは、カナダから届いた葉書とスペインのワイン用革袋。イタリア、アルゼンチン、ブラジルの豪華な絵画が、アメリカ南西部のナバホ族の装飾品の横に掛けられている。

「これはすごい！」私は笑った。「これだけの人々が本当にここを訪れたんだろうか？　ここは世界で最もよく知られた『知られざる』場所かもしれない」

「アンドレス！」ギダが呼ぶ。「マエストロに連絡はつかなかったわ。彼はジャングルの中にあるマヤントゥヤクにいる。電話がつながらないところに。普通は彼の許可なしに入っちゃいけないんだけど、サンドラと連絡がついて、私だって気づいてオーケーをくれたわ。マエストロは今日マヤントゥヤクをあとにする。もし運が良ければ出発する前に会える。でも、どのみち今日には川を見れるわよ」

抑えられない興奮がこみ上げてきた。ギダをギュッと抱きしめると、彼女は笑った。「まあまあ、ケリード、ここはまだジャングルじゃないでしょ！

まだまだ先は長いんだから、早く出発しないと。ここまでやって来たのに川は暗闇の中なの、って言われたくないからね！」

次の2時間は別のタクシーの中で過ごした。赤っぽい土のデコボコ道を水で溢れかえる大きなくぼみを避けながら走る。通り抜けられないほどに生い茂ったジャングルの隙間から、青々とした広大な野原で牛が穏やかに草を反芻しているのが見える。オノリアという小さな町に着き、草で覆われた大きな空き地の前に車を駐めた。その空き地はチョコレート色をしたパチテア川まで緩やかに下りながら伸びていた。貨物列車並みの勢いで流れる幅300メートル以上の川だ。

足をストレッチし、タクシーが赤い土煙を上げながら去っていく姿を見つめた。人気《ひとけ》はない。真昼の太陽が激しく町を照りつけている。こもったラジオの音楽が1軒の家から聴こえてくる以外、命の兆しはない。辺りの建物は木の厚板とトタン屋根でできている。その多くは支柱の上に建てられていた。

洪水で流されないためだ。

「マヤントゥヤクのガイドたちはまだジャングルから戻ってくる途中なんだと思う。待っているあいだに何か食べましょう。あそこが町のレストランよ」。川岸の、支柱の上に建つ青くて年季の入った一階建ての建物を指差しながら、ギダは言った。

屋根付きの長いテラスを歩く。厚い木の床を歩く音が響くと、オーナーが私たちの存在に気づいた。出てきたのは背の低いアマゾン出身の女性だ。喜びに満ち溢れた表情を浮かべている。顔には人生何度も笑って刻まれたシワがある。彼女のスペイン語はアマゾンの訛りが強い。やさしい口調からすぐに歓迎されていることがわかった。

「オラ、オラ! ようこそジャングルへ! 何にしましょうか? 飲み物はインカコーラ、コカコーラ、水。食べ物はユッカとライス付きのワンガナ。あと、袋に入ったポテトチップス」

「ワンガナ?」私は聞く。

「ジャングルの豚よ!」

ミネラルウォーターと日替わりメニューを頼んだ。席に落ち着くと、テラスの反対側に男が現れた。赤土で汚れた長靴を履き、服は色あせてぼろぼろだ。テーブルに座り、こっそりとこちらを見つめてきた。

友好的に手を振ってみる。マヤントゥヤクからのお迎えかもしれない。しかし彼は手を振り返してこないで、こちらをじっと見続けている。ギダと私は無視することにした。少しすると別の男がティーンエイジャーの男の子を連れてテラスにやって来た。3人はひそひそ話し合い、私たちのカバンをちらちら見てきた。

私は微笑んで、また手を振ってみた。彼らは手を振り返さない。最悪を想定したくはないが、今まで危険な場所で活動してきた経験から、身構えた。

食べ物を運んで女性が戻ってきた。それをほお張り始める。時折鋭い視線を3人に送りながら監視していることをアピールすると、彼らの視線はさらに陰険さを帯びてきた。

女性が皿を片付けに来ると、ギダは耳元でささやいた。「彼女について行って払ってくるわ。お金はあとでいいから。カバンをちゃんと見てなさい」

ギダは食べ終わった食器の後片付けを手伝うと、彼女について中に入って行った。頭の中でさまざまなシナリオを想定した。過去に自分の身を守るために打った手を思い出す。ポケットに左手を入れ、ロザリオの滑らかなビーズに触れた。十字架を強く握って、テーブルの上に手を戻した。シャツの下に右手をこっそり入れ、腰元に隠したハンティングナイフの留め金を外す。

ソフィーアがここにいなくて本当によかった。

突然、ギダがテラスに戻ってきた。大量の透明プラスチックカップと大きなインカコーラのボトルを2本手に持っている。「オラ、チコス！（若者たち）」3人組に大きく笑顔を投げかけてギダは言った。「私たちがここに着いてからずっと見てるわよね。ただ『こんにちは』って言えばいいのに！　はい、これでも飲みなさい。リマからチョコレートも持って来たわよ。これから私たちはマエストロ・ファンとサンドラに会いに、マヤントゥヤクに行くところ」。困惑した表情を浮かべながらテラスにいる全員が彼女を見上げる。「ほら、チョコもインカコーラもみんなの分あるから！　オノリアはしばらくぶり――いなかったあいだのことをいろいろ知りたいわ」。3人組はすぐに衝撃から立ち直り、恥ずかしそうに笑って飲み物とチョコレートを受け取った。

騒ぎを聞きつけて女性が出てきたが、うれしそうに急いで中に戻り、さらに7人を連れてきた――男性、女性、子ども、野良犬までいる。

どんどん人が増えていき、集まりは正真正銘のパーティへと変化した。私はあまりのすごさに笑う。ナイフの留め金を戻して思った。――もしスペインによる征服が、女性が先頭に立って行なわれていたとしたら、今日のペルーはだいぶ違う場所になっていただろう。

パーティを終えるとモーター音が聞こえてきた。川上を見るとペケペケが目に入った——舳先が突き出た長細いカヌーのような形をした、木製のアマゾンの川船だ。その赤茶色はパチテア川とジャングルに溶け込んでいる。船に付いているペルー国旗の赤と白が自然の中で浮いている以外は。船頭はゆったりと船を岸につけた。キッチンから女性が出てきて言う。「彼らがあなたのガイド。マヤントゥヤクまで連れて行ってくれるわ」

第6章

希望、そして信頼できるデータ

ペケペケペケペケペケ。私たちのモーター付きカヌーはリズミカルな機械音を立てながら、パチテア川を上る。キャプテンは小柄で年配のアマゾンの男性。船尾で船を操縦している。オノリアで彼が自己紹介をしたとき、ギダと私は耳を疑った。

「フランシスコ・ピサロ？　あのコンキスタドールと同じ？」私は聞いた。

「はい。その通りです」。彼は誇らしげに答えた。

30分間、ジャングルを貫く水のハイウェイを進んだ。4メートル半ほどの土の崖が川岸にそびえ立っていて、緑色に生い茂ったジャングルがその上から覗き込んでいる。

木々はとても高く、ジャングルはかなり深いため、崖の上の地形がすごくわかりにくい。青々とした芝生の上に大きな木々や草を食む牛が点在し、そのところどころに藁葺き屋根の小屋が建っている。家畜などを育てるために整理された区間だ。そこには波打つ丘や谷が見える。

「すごいでしょ？」ギダはにこやかに言う。「私はここのジャングルが大好きなの」

「美しいね」と私は頷く。「ただ、今は『煮えたぎる川』のことで頭がいっぱいで、正直それ以外のことが考えられないんだ」

ギダは笑った。「もう少し今を楽しみなさい。川はもうすぐよ」

ペケペケの先頭部分から大きな声が聞こえる。2人目のガイド、ブランズウィックが立っているあたりだ。30代前半で、マエストロの徒弟。「あそこを

オノリアの赤い土でぬかるんだ川岸から押し出されたペケペケが、パチテア川の流れに乗って静かに進む。ボートのモーター音が沈黙を破る。私はアマゾンに初めて入る。

見てください!」10メートルほど先を指差しながら彼は言った。「あそこが『煮えたぎる川』の河口、温かい川と冷たい川が交わるところです」

ついに来た! 周辺を観察する。右手に2車線道路よりも幅広い支流がパチテア川と交わっているのが見えた。2つの川が合流している箇所では、濃いオリーブ色の水がパチテアのチョコレート色に食い込んでいる。しかし、どこにも蒸気は見当たらない。

舳先が合流箇所に到達すると、ブランズウィックが緑色の水に手を入れる。私にも同じことをするよう促してきた。

冷たくて茶色いパチテアの水に手を入れてみた。緑色の水に差しかかると、温かくなった。支流に近づけば近づくほど水温は上昇し、私たちはついに河口に到達した。ここの水温は明らかに他の場所よりも高い。お風呂のようだ。しかし、沸点からは程遠かった。

がっかりしてはならないのだが、期待は裏切られた。この「アマゾンの温かい川」をずっと求めてきたわけではない。「煮えたぎる川」はその名には相応しくなかった。大きなため息をつく。

——もう憶測したり期待したりするのはやめよう。マヤントゥヤクに行って、川を直に確認するしかない。噂なんかじゃなくて、本物の定量データだけを頼りにしよう。

熟練の腕でペケペケを操りながら、フランシスコは川岸にボートをつける。赤土の崖に掘られた階段が、私たちをこの旅の次なる章へと導く。

私はGPSの経路追跡機能をオンにし、バックパックにしまった。

船を降りて川岸の高いところに上ると、森の中へと伸びている細くぬかるんだ小道が見えた。フランシスコは船を押し出してオノリアへの帰路についた。ブランズウィックは私たちをジャングルへと先導した。踏みならされてはいるがデコボコな小道。巨木の見事な板根《ばんこん》が私たちを太陽の日差しから守る。曲がりくねった奇妙な形の蔓が木や葉のあいだを進んでいる。色鮮やかな花が頭上に見える。あまりに優美でエキゾチックなため、本当に自然のものだとは信じられないくらいだ。波打つ道を上ったり下ったりしながら進むと、姿の見えない動物たちの歌声が聞こえ始めた。蚊の集団が私たちに付いて回る。事前にたくさん吹きつけておいた虫除けが見えない壁を作っていて、大量の蚊がちょうど手が届かないくらいのところを舞っている。

広く開けたところの奥に山があって、その頂上あたりに、使い古された泥道が見えた。ブランズウィックに聞くと、「何年も前に、トラクターに乗った伐採者たちがやって来て大きな木々を持っていってしまったんです」と深刻な顔で答えた。「彼らは追い出されましたが、ここは空き地のままです」

ギダは悲しそうな声で言った。「何年も前、ここからはるか南にあるジャングルの先住民と社会活動をしていた。私は大きな川沿いにある村にいて、そこは守られているはずだったんだけど、それでも村の人たちは違法伐採者に悩まされていたわ。眠れなかった晩に川へ散歩しに行って、岸に着くと、変な音が聞こえてきた。満月がはっきりと照らし出した。心のどこかで見なければよかったと思っていたけど。端から端まで、川上から川下まで、目の届くかぎりすべて川はルプナの木で埋まっていたわ。長い棒を持った男たちが浮いている巨木の上を行ったり来たりしながら川下へと誘導していた。なぜ夜に木を運んでいたかは明らかだったわ。

それぞれの木は最低でも樹齢数百年だった。私がコミュニティを手伝っていた理由はまさにこれ。絶望感にのまれ、その場に膝をついて泣いたわ。

翌日、見たことを伝えた。村人たちはもう慣れっこだった。彼らは説明した。伐採者が現れ、大きな木を切り尽くしてその場所を燃やし、樹幹を近くの川まで転がして、引きずって運ぶための道を作る、って。トラクターとかを使ってね」

怒りがこみ上げてきた。「それはひどすぎる」。私はぼそっと言う。

「本当にひどいのはそのあと」とギダは続ける。「そうした古木のほとんどは

「煮えたぎる川」付近の森林伐採は今もなお続く悲劇である。大きくて価値のある木々は切り倒され、（ほぼ間違いなく闇市場で）売られ、残ったジャングルは農業のために焼かれる。

ベニヤ板を作るために使われた。ベニヤ板よ！　ルプナの木はジャングルのレディーとして知られている。幹の太さは3メートル以上になることもある。ものすごく強い精霊が宿っているとされていて、いくつかの部族では近くで用を足すことすら重罪だとされているのよ。それがベニヤ板って」

重い沈黙が私たちの小さなグループを包んだまま、ジャングルを進む。私は「煮えたぎる川」のことをまた考えた。もし川の話が本当で、作り話でなければ、3つの仮説が考えられる。火山／マグマ系、地熱水が地球の深部から急速に上昇してできた非火山性熱水系、あるいは人工のもの。

最後の仮説はよろこばしくない。「煮えたぎる川」は結局のところ何らかの油田事故——放棄された油井や水圧破砕法の失敗、不適切に地球に再注入された油田の水など——の結果だとしたら？　国内外で油田事故によって地熱系が形成されるケースを多々知っている。最も悪名高いのはインドネシア東ジャワ州のルシ泥火山だ。3万人以上が故郷から立ち退かざるをえなかった。

こういった規模の事故は、すぐに政治・経済的に重要な意味合いを持つようになる。結果、ルシの「本当の原因」は今もなお論争の的だ。タララ砂漠で私は最近、驚くべき過去を持つ観光名所を2つ訪れた。もともとの計画では、温かい塩水しか採れていなかったそれら2つの古い油井を、石油会社がきちんと塞いで閉鎖する予定だった。聞いた話によると、地元住民らはこの温水に可能性を見いだし、石油会社に対して油井をそのままにしておくようプレッシャーをかけたという。石油会社は要求を受け入れ、油井はプールに変わった。今では、そんな過去があったとは夢にも思わない観光客がお金を払い、「癒しの力がある天然温泉」でリラックスして、顔に「若返る力」がある温かい泥を塗る。

私は、事実であってほしくないこの説が一番ありえそうだということに気づき、長い溜息をついた。私たちはペルーのアマゾンで最も古い油田の近くにいるのだ。ここはすでに調査し尽くされている。大きな「煮えたぎる川」

があるならすでに発見されているはずだ。第一この川は、ペルー政府作成の地熱マップにも載っていない。ただ、あの1965年のレポートで、「小さな熱水泉」がこの辺にあると述べられているにはいるが。

もしかしたら、「小さな熱水泉」が何らかのきっかけで「煮えたぎる川」になったのかもしれない。伝説はあとから付け加えられたのかもしれない。ペルーの他の場所ではそんなことが実際にあったわけだし。あるいは隠蔽された油田事故か。ビジネスにとって事故はやはり不利に働く。企業が政府関係者に賄賂《わいろ》を渡して、「ちょっとした不都合」をなかったことにするのも決して珍しい話ではない。

イライラしてきた。気持ちを切り替えるために頭を振る。――うんざりだ。実際のデータを見るまでは何もわからないのだ。川から一番近い油田までの正確な距離を知るために、確実なGPSの位置情報がほしい。目撃情報が脚色されているかどうか確認するために、正確な温度のデータがほしい。そして最も大事なのは、1933年のモーランレポートを見つけること。この地域が開発される前の唯一の調査に関する資料であり、川について言及している唯一のものかもしれないのだ。

結果がどうであっても受け入れようと気持ちを整える。科学とは、自分にとって都合の良いストーリーを作ることではない。データが語るストーリーを聞くことなのだ。

ちょうどそのときだった。歩みを止めたブランズウィックが、半分埋まったままで小道を走る太い鉄製パイプを指差した。「この石油パイプラインはかつて油田からプカルパまで続いていました」と彼は言う。「使われなくなってすでに何年も経ちます。今やほとんどが盗まれてなくなりました。これが私たちの敷地の境界線です。ここから川まで。マヤントゥヤクに着きました」

木でできた大きな看板には「mayantuyacu—ZONA PROHIBIDA（マヤントゥヤク立入禁止ゾーン）」と書いてある。

マヤントゥヤクの敷地境界線にある看板には「伐採者はジャングルに足を踏み入れるな」と示されている。興味深いことに、敷地境界線を引いているのは石油パイプラインだ——この場所はペルーのジャングルにおいて最初に石油開発が行なわれた土地であることを思い起こさせる。

「立入禁止ゾーン?」私はブランズウィックのほうを向いた。「誰に対して立入禁止なんですか?」

「伐採者、猟師、不法占拠者に対してです。私たちはマヤントゥヤクで良い行ないをしようとしています――人々をヒーリングして、伝統的な自然薬を与えて。私たちの知識は植物や先祖から授かったものなのです」。彼は言葉を止めると、巨木を見上げた。そして、手で樹の幹をやさしく触った。「皆伐とともに精霊はここを去るのです」

看板を指差しながら彼は言う。「『マヤントゥ』がジャングルの精。『ヤク』が水の精。ここではこの2つの精と力を合わせてヒーリングするのです」

深い尊敬の念に溢れる彼の言葉は、私の心の奥深くに響いた。仮説は胸にしまっておこう――川に対して科学がまっとうな形で懐疑の目を向けたとしても、無礼であると解釈されかねない。

2つ目の山の背に辿り着いた。そこは、取り囲むジャングルを守る大きな木々で飾られていた。ギダと私は荒い深呼吸をして、少し休んだ。暑さの中、2時間も歩いたので、エネルギーをだいぶ消耗した。

「もう少しです」。ブランズウィックは言う。

私たちの息切れが収まると、遠くから何か聞こえてきた。

「何の音だろう?」私は言う。「低い波の音のようだ」

ブランズウィックは私を見つめて微笑んだ。

「川です」

第7章

煮えたぎる川

私はブランズウィックとギダを驚愕の眼差しで見つめた。疲れも吹き飛び、川を見ようと丘の端まで一気に走るが、大量の葉が視界を遮っていて何も見えない。ブランズウィックは笑って、下のジャングルへと続く道を指差して言った。「行ってらっしゃい！」

土の道を駆け下りると、低い波の音が大きくなった。木々のあいだから空き地が見え、そこに木造の建物がいくつか建っている。あちこちで白くて細長い蒸気が木々よりも高く上っている。道の終わりで建物の裏に回ると、息をのむような絶景が私を出迎えた。ターコイズ色の水がアイボリー色をした細い川岸の横を勢いよく流れている。立ち並ぶ大きな木々が川の両側に緑の壁を作っていた。流れが岩にぶつかっているところでは白い水しぶきが立っていて、川の流れの速さを物語る。小さな崖の端へ歩みを進めて、川とその周辺を見渡した。川を目で追うと、曲がりながらジャングルの中へと消えていった。午後の太陽が激しく私を照りつける。汗だく。胸が高鳴る。川の表面を覆っている白い蒸気のベールが、風に舞いながら遊んでいる。この気温で湯気を立てているということは、この川は相当熱いに違いない。そう思って、ニヤニヤした。

上流では、湯気を立てる小川がマヤントゥヤクを横切り、下にある川へと崖を流れ落ちていく。滝の先には霧を通してがっしりとしたシルエットが見える。不思議な形をした木だ。高さは10メートル。強烈な存在感を放っている。ジャングルにいるすべてのヘビが絡み合って、根と幹と枝を作ったとしたら、この木とたいして変わらない見た目になるだろう。幹は太い蔓に巻かれていて、枝はゴルゴンの頭から伸びるヘビのように広がっている。その木は岩崖の端から川の上にアーチ状に伸びていて、根はまるで巨大な触手のように岩にしがみついている。

そのねじれた木まで辿り着くと、根のところにペンキで塗られた標識が立っているのが見えた。「エル・カメ・レナコ」と書かれている。この木が特別なものであることを知らせようとしているようだが、言われなくてもそれは明らかだった。まるでおとぎ話からそのまま出て来たかのような「エル・カメ・レナコ」の形そのものが、自然とそのただならなさを物語っている――偉大な精霊の住処か、おそらくは悪霊の牢獄か。

その不思議な木の下にある崖には川の縁へと続く階段が掘られていた。階段を下れば下るほど、川の音が大きくなっていく。川の縁では石灰岩が歩道の役割を果たしていた。そこへ歩みを進めると、温度と湿度が上がった。気をつけながら下に下りて、岩を触ってみた。熱い。蒸気が立ち込め、私を包み込む。川と太陽とのあいだで、オーブントースターの中のサウナにでもいるみたいだ。

バックパックを降ろして、割れないように服とビニール袋で包んでいた温度計を取り出す。私は川を見て言った。「ついに正念場だ。本当に沸騰しているのか確かめてやる」。計測を始める。温度計のメーターは昔のゲームボーイに似ている。分厚くて不細工なプラスチックの箱に小さなディスプレイスクリーンとボタンが数個。分厚いグレーの温度計から伸びる60センチのケーブルをメーターの底にねじ込んだ。目盛りを調整して、温度計をゆっくりと川に入れた。流れが計器を横に引っ張る。が、細心の注意を払いながら完全に中に浸かるまで沈め続けた。息を止め、温度計のスクリーンを眺めながら計測が終わるのを待った。

数字が落ち着き、ようやく最初の計測結果が出た——85・6℃。この標高

マヤントゥヤクのガーディアンツリーとして崇められている「エル・カメ・レナコ」。この木から採れる薬は「煮えたぎる川」によって効能が強化されていると地元住民たちは信じる。

だと水の沸点は１００℃足らず。沸騰はしていないとはいえ、その熱さに私はすっかり驚いてしまった。ここまで高い計測結果が出るとは思わなかった。一般的なホットコーヒーはおよそ54℃。湯が痛みと危険を伴うようになるのは47℃。この川に手を入れたら0・5秒もしないうちにIII度熱傷（皮膚が焼けただれるほどの火傷）を負うだろう。落ちれば簡単に命を落とすことになる。

何年にもわたる問いと疑い、文献の研究、行き詰まり、そして苦労のあと、ついに出会えた「煮えたぎる川」。目撃情報は多少誇張されていたようだが、完全な作り話というほどでもなかった。

温度計を冷まして、何度か計測を繰り返した。結果は常に86℃近辺だ。驚きはしたが、水温は火山性ないし非火山性の地熱系としては特筆するほどでもない。信じられないのは、これだけ大量の熱湯が流れているという、そのスケールのほうだった。これだけの熱湯を作り出すには強烈な熱源が必要だ。イエローストーンの巨大火山やアイスランドの火山のリフトゾーン（火山の中

「煮えたぎる川」で水のサンプリングを行なう。はるか川上にあるこの場所を、現地の人々は「人魚の滝」と呼ぶ。人魚の精の住処だと言われている。

心から伸びる細長い割れ目状の地形）でならこれほどのスケールのものがあっても納得できるが、ここはアマゾンのど真ん中。最も近い活火山から640キロ以上も離れている。こんなにもたくさんの量の熱湯はいったいどこから来たのだろう？　熱源はどこだろう？　いったいどうやったらこんな川が存在しうるのだろう？

GPSでこの場所を表示した。想定通り、私たちは「アグア・カリエンテ・ドーム」にいるようだ。不安で眉間にシワを寄せながら、南の方角を見た。2・5キロほど先にはペルーのアマゾン最古の油田がある。――ここが自然の産物であることを願う――。ちょうどそのとき、ギダが「エル・カメ・レナコ」のそばにある崖の上から姿を現した。「本当だって言ったでしょ！」激しく流れる川越しに彼女は言った。

石段を下りて、ギダは機器に囲まれて座っている私のもとへやって来た。今朝、外国からの大きな訪問者団とマヤントゥヤク住民のほとんどと一緒に、マエストロがプカルパに発ったと教えてくれた。プカルパのオフィスで彼とまた会える。私を安心させようと彼女はそう言うが、心配だった。川を見てしまった以上、理解する必要がある。つまり、研究室で分析するためのサンプルを持ち帰りたい。自然の産物であろうとなかろうと、この川はこのコミュニティにとって神聖なものだ。彼らの神聖な川の水を、マエストロの許可なしに持ち帰るなど言語道断である。

「それで」と彼女は言う。「どう思う？」

「ものすごいよ。ちゃんとこの目で見ている。ただ、すごすぎるんだ。理解するのにいま必死なんだ」。私はそこで言葉を切った。けれど、うっかり口を開いてしまった。「本当にこれが自然の産物だったらいいんだけど」。心配を口に出すつもりはなかったので、すぐに後悔した。

ギダは驚きの表情を浮かべ、「どういう意味？」と聞いてきた。

科学者として、理解できないものに遭遇したときは、なぜそうなっているのかを説明するために考えを巡らす——つまり仮説を立てるんだ、と彼女に言った。この川についての説明は3つ考えられる。イエローストーンのように、水が地中深くにあるマグマによって熱せられている。ただ、この辺にマグマがあるという調査結果はないため、これはおそらく違うだろう。2つ目の説明としては、地球そのものによって熱せられている。近辺にマグマがなくても、地殻は深く行けば行くほど熱くなる。地温勾配と呼ばれている現象だ。この作用によって川の水が熱せられているのであれば、地球深くから熱水が来ている可能性が高い。しかし、地表面に近づくにつれ熱水は冷めていくので、これだけ大量の熱湯が存在するためには相当な速さで地球深部から表面へ流れ出る必要がある。原因は何であれ、これが自然の産物なのであれば、私が今まで見てきた中で最も大きな地熱系だ。火山性であろうと非火山性であろうと。

私は躊躇し、3つ目の仮説を説明した。この川はまったく自然現象ではな

切り立った崖が「煮えたぎる川」を部分的に囲んでいる。こうした地形は、生い茂ったジャングルとともに、野外研究を時としてチャレンジングなものにする。環境的に、一挙手一投足に細心の注意を払わざるをえない。川に落ちれば深刻な結果になるのだから。

い。ここはペルーのアマゾン最古の油田から2・5キロ北上したところだ。川は油田事故の結果かもしれない——放棄された油井が水を熱している、あるいは油田の水が地球に再注入され、内部で熱せられて表面に流れ出てきているのかもしれない。だから私は一刻も早く1933年のモーランレポートを見つけなければならないのだ。そこには、人による開発が始まる前の時代の川の様子が記録されているかもしれない。

「ワオ」とギダはやさしく声に出す。「それで、どうやって答えを見つけるの?」

「まず、川を調査する許可をマエストロにもらう必要があるんだ」。私は言う。「ちゃんと解明できるまで何年もかかると思う。でも、最初の一歩はすでに終わったよ。川の正確な位置がわかったし、高温が真実だったということはおさえたからね」。ギダは満足げな笑みを投げかけてきた。

「リマに戻り次第、このエリアに関する調査結果を再度調べてみるよ。運の良いことに、ここはすでに調査し尽くされたエリアだ。そのあと、地元の石油会社にここでの活動の情報を提供してもらえるよう連絡をしてみる。来年は研究チームとともに、もっと長くここに留まりたい。川が熱せられていくパターンを確認するために、川全体の流れに沿って水温を測りたい。そのためには、人手が必要なんだ」

「川が熱せられていくパターン？」

「1カ所で熱せられているのか、より広範囲に渡って何カ所かで熱せられているのか？　もし仮に、熱が古い油井に由来しているのだとしたら、それが埋まっている、もしくは隠されている1カ所で水は熱せられているはずなんだ。まずは、水のサンプルがほしい。水にはいわゆる化学的『指紋』があって、既知の地熱帯水層に由来するものなのか、マグマや油田の痕跡があるのか、研究室で分析できるんだ。ただ、その前に許可が必要になる」

「もしその結果、油田事故だってわかったらどうする？」ギダは気まずずそうに聞く。

「どうだろうね。地元の人たちの人気がなくなる、とか?」私たちは笑う。「僕が、想像しただけで胃がむかついた。「ただ、真面目な話」と私は言う。「僕は正しいことをして、報告するまでだよ」

「そして地元の人たちの人気がなくなる、と」。ギダは言う。「もし自然由来だとしたら?」

「そしたら、僕は証拠を手に入れたということさ。世界は僕が想像していたよりはるかにすばらしいところだったということの」

煮えたぎる川

TED Books

アンドレス・ルーゾ
シャノン・N・スミス 訳

朝日出版社

文明と探検の微妙な関係

服部文祥

登山家と探検家は悩んでいる。登るべき場所も発見すべき場所も、もはや地球上には残されていないからだ。われわれは自分たちの活動を維持するために、科学文明によって地球が開発されるのを阻止し、僻地を守らなくてはならない。というわけで自然保護活動をしたりする。

だが、そもそも登山と探検は科学文明と仲良しだった。人間力に科学力を合わせて、人間にとっての未知を解明したり、人間の行くことができなかったところに踏み込んだりして、人の活動範囲を広げるのがその目的だったからである。

19世紀から20世紀にかけては、それでよかった。科学と人間の力を合わせても、高山や北極南極、密林や砂漠などは、人間の活動がままならず、生きるか死ぬかの登山や探検は単純に面白かった。行為者は「人類初」という使命感にも素直に酔うことができた。

だが時が経ち、科学力は飛躍的に向上した。航空機で行けないところは地球上になくなり、衛星で観測できないところも存在しない。未知を失った探検や登山は、忘れられていた僻地に競い合って向かうようになり、現在では、あえて難しいラインや厳しい条件を自らに課すことで、肉体的なパフォーマンスを比べるようになった。登山も探検も自然を相手にしたスポーツと化したのだ。そして現在は、レジャーにまで成り下がっている。

本書の「煮えたぎる川」を求めた学術的な探検も、極寒や酷暑、地理的な障害を肉体と精神でなんとか克服するような古典的探検ではない。

子供の頃に聞いた「言い伝え」を信じて、自動車で現場に向かう。その場所は実在し、ささやかな観光地にさえなっていた。しかもそんな「熱い湯が流れる川」の規模は世界有数、その温度も温泉レベルを遥かに超え、学術的な価値もあった。報告する若い科学者の謙虚な姿勢にも好感が持てる。

だが少々演出の臭いがしなくもない。

先住民の言い伝えになっている場所を、学術的に発見する。その始まりは、純粋な好奇心だったはずだ。だが実際に行動し、プロジェクトが大きくなるほどに、資金や先住民の協力が必要になる。自己を肯定し、納得するためにも、社会的な大義名分が欲しくなる。

「地質学は、私にこの世界を救う大きなチャンスを与えてくれているのだと思っています。エネルギーや資源を生み出すより良い方法を見つけようと学んでいるのです」と著者は言う。「より良く」の目的はどこにあるのか。

化石燃料を燃やすことが地球温暖化につながっている証拠はどんどん増えている。一部の国家は原子力発電を制御できずに放射能をまき散らしている。たとえば「煮えたぎる川」を地熱発電に使えば、富と環境保全を両立させるクリーンエネルギーを人は得るかもしれない。それが「より良く」なのだろうか。

山に登っていると、原始環境の崇高さを感じ、それを自分勝手に壊して平然としている人間が怖くなる。同時に、登山は地球上を開発することが目的だったのではないかと自分を責める。ジャングルの奥にある「言い伝え」の場所にも、開発の波が押し寄せている。密林の巨木を二束三文で売り払い、そのあと焼き払って牧草地にする。密林とともにあった文化も消えていく。「煮えたぎる川」もその存在を広く世に知らしめたら、低俗な観光地と化すかもしれない。醜悪な地熱発電の施設が作られるかもしれない。

標準的な教育を受けた人は、伐採された密林を見れば顔をしかめるだろう。開発せずにうまく保護したいと思う。より良い未来のために。

ここでも「より良い」が現れる。だが、その「より良い未来」はどこまでもぼやけている。煎じ詰めれば、できるだけ長く健全な形で地球が持続され、生命体もできるだけ長く存続するのが「より良い」の目的だろう。でも本当にそうなのか?

おそらく現代の繁栄は、未来の人類滅亡を早めることで成り立っている。それがわかっていても、未来の子孫のために今この瞬間の不快や貧しさを本気で受け入れるという人はほとんどいない。自分の好奇心や快感を我慢してまで、環境を保護したいという人にも会ったことがない。経済効率は善とされる。そして著者も、自分の研究を我慢してまでも、沸騰する川を守ろうとしているわけではない。自分は研究を充分に楽しんで、なおかつ飢えないほどには裕福なうえで、環境を守りたい。

それでいい。人間だけではなく、地球上の生き物すべてが自分の欲に忠実に生きている。だが、それをひとまとまりの「お話」に仕立て上げようとするとき、大義名分が生まれ、そこにお行儀の良い無邪気な正義感と西洋的な人間中心主義が見え隠れする。そうやって斜に構えて分析する私が、別のより良い何かを提示できるわけではない。

人間はいったいどこに向かおうとしているのか。現代文明の富に支えられて自分が存在する。なのにその文明を否定しようとしている。だから登山家と探検家は悩んでいる。

はっとり・ぶんしょう　1969年生まれ。登山家、作家。装備と食料を極力山に持ち込まない登山である、サバイバル登山を実践する。著書に『息子と狩猟に』ほか。

第8章

シャーマン

半月のやさしい光がジャングルを包み込む。川の流れが奏でる子守唄。立ち上る蒸気のカーテン。お腹を空かせた昆虫たちが、私のベッドの蚊帳《かや》の周りを徘徊する。暗闇が外の世界を隠してしまったので、私は自らの思考とひとり向き合った。ソフィーアが恋しい。どんなふうに彼女に今日のことを話そうかと興奮しながら悩んだ。今日の出来事や体験したことを説明するだけでも何冊も本が書ける――ただ、それでもこの旅のストーリーの貴重な枝葉は要約せざるをえない。どのような物語であろうと、科学的な調査であろうと、絵や動画であろうと、この川を正しく表現できないだろう。もしかしたら、だからこそこの場所は神聖なのだと言われているのかもしれない。

今日、川上に向かってジャングルを奥に1・6キロほど進んだところに、ブランズウィックが私たちを連れて行ってくれた。道中、目にしたすべての植物には薬効があった。そして、川沿いで目を引いた一つひとつが精霊の住処だった。大きな池がいくつかあって、そのうちのひとつには6メートルほどの滝が激しく落ちていた。すべて危険な熱湯だ。

プカルパに戻ったらマエストロにも確認をするという前提で、ブランズウィックは水のサンプルを集めてもよいと許可をくれた。慎重に一つひとつのボトルに沸騰した湯を入れ、各サンプルを入手した場所の詳細な記録を取る私の姿を、彼は興味深そうに見つめていた。

計測した水温は最高で91℃だったが、川は最初冷たい流れから始まり、途中3カ所で熱せられていることがわかった。この加熱のパターンは、最終的には自然の産物であると、私に希望を与えてくれた。仮に放棄された油井から熱水が流れてきているのだとしたら、1カ所でしか加熱されていないはずなのだ。しかし、地球に再注入された油田の水が断層帯を通って地表に流れ出てきている可能性はまだある。確かなことを言うには、さらなるデータが必要だ。

はるか川上、水が最初に加熱される場所の手前で、ヘビの頭の形をした大きな砂岩がジャングルの中に姿を見せていた。ブランズウィックは、ここがこの川で最も神聖な場所だと教えてくれた。「ヤクママ」、すなわち「水の母」。熱い湯と冷たい水を生み分ける、巨大なヘビの精霊。偉大なるヘビ岩の顎の下では、熱泉と冷たい川が交わっていて、伝説は本当だということを知らしめていた。

この川は祖父の代よりも前からあり、生と死を象徴するものである。ブランズウィックはそう言った。ここでは、死はいたるところにある。歩き始めると、川に落ちたかわいそうなカエルが生きたまま煮られていく姿を目撃した。川は、尊敬の念を持って距離を保たない者たちの骨で、自らを飾っている。しかし、この熱湯にもかかわらず、辺りは生命に溢れている。土があるところには植物が育ち、どこを見ても何かが這ったり、鳴いたり、滑ったりしている。水はほぼ沸騰していても、川底に藻が育っているのには驚いた。

私が水のサンプルを集めているとき、ここにヒーリングを受けに来る人たちのことをブランズウィックは教えてくれた。来るには、ギダがやってくれたように「マヤントゥヤクの友人」に推薦してもらう必要がある。にもかかわらず、ここに来るほとんどは主にヨーロッパや北アメリカからの外国人なのだ。人類学者や心理学者も、マヤントゥヤクの伝統的なヒーリングメソッドと自然薬を学びに来るそうだ。ここはやはり世界で最も知られた「知られざる」場所に違いない、と思った。

けれど、川を調査しに来た者は一人もいない、とブランズウィックは言う。

川の犠牲者。「煮えたぎる川」のこの近辺の水温は80°C。ここに落ちれば、ほぼ瞬時にIII度熱傷を負い、肉は骨に付いたままで調理されることになる。簡単には抜け出せない。

昔の人たちは、この熱は「ヤクママ」の仕業だと思っていた。現代では地元の人も外国の人も、火山による熱であると考えている。

朝、木造小屋の窓や穴から太陽の光が差し込んだ。耳に快いジャングルの音で私は目を覚ます。機器と大切な水のサンプルを慎重に鞄に入れて、リマへ向けて長旅の準備をした。

キッチン小屋に向かうとブランズウィックがいたので、お茶はどこにあるか聞いた。彼は空のマグカップとティーバッグを私に手渡して、川のほうを指差した。私は笑う。しかし、彼は湯気が立っている自分のマグカップを見せてきた。本気なのだ！　私は川へ向かいながら、地熱水の中によくある、重金属や天然あるいは人工の他の口にしたくないものについて考えた。

――でもまあ、郷に入っては……。

私は川にマグカップを入れて抜き出す。マグカップから渦を巻いた蒸気が上り、無色・無臭の湯を覗き込む私の顔にやさしく触れた。冷めるのを待ってから、最初の一口を飲んでみた。とてもクリーンでおいしい。川の横でお茶を飲みながら、川に向かってそっとさよならを告げる。昨日来た道を戻って町へ向かった。

プカルパに着いたギダと私は、馴染みのある緑色の扉の前に立っている。マエストロ・フアンが扉の向こう側にいると思うと、緊張感を伴った興奮が身体を突き抜けた。彼は私に何と言うだろうか?

ギダがノックすると間もなく扉が開いた。どっしりとしたアマゾン女性が私たちの前に立っている。

「サンドラ!」ギダは叫び、古い友人たちは抱き合った。ギダが私を紹介した。

「あなたのことはいろいろ聞いているわよ」。私を招き入れながら、サンドラは言った。「火山や『煮えたぎる川』に興味を持っている人に会えるなんてそうそうないから、少し変な感じがする。あなたが川に落ちなくて本当によかった！」私の腕に手を添えて彼女は言う。「ギダはいい人しか連れてこないから。さあ、いらっしゃい！」昨日旅の出発点となった、装飾されたオフィスに私たちを案内した。

男が椅子から立ち上がる。60代くらいに見える。ナイキのTシャツ、茶色いハーフパンツ、長い靴下。靴は履いていない。

マヤントゥヤクからはだいぶ距離があるにもかかわらず、ジャングルが部屋の中に存在しているように感じた。彼の肌はパチテア川と同じチョコレート色。短い髪と鋭い目は夜のジャングルのように黒い。

マエストロ・フアンはよそよそしく握手してきた。私たちは座った。ギダとサンドラはお互いの近況について話し合い、私は沈黙を保ちながら居心地悪く座っている。マエストロは岩のように動かないが、私のことを細かく観察しているのがわかる。

「アンドレス、マヤントゥヤクについてどう思った？」サンドラが私に聞いた。マエストロのヘビのような視線を感じる。

「最高でした」と私はなんとか言った。「あの川はまさに奇跡です。ペルーの、そして世界の」

「奇跡？」マエストロは私の目を見ながら沈黙を破った。「奇跡が奇跡たる所以《ゆえん》とは？」椅子の前のほうに身体をずらし、低く、飾らない声で聞いてきた。

「とても良い質問です」。私は緊張気味に答えた。そして、壁に飾ってある絵を指差して言う。「見てください。『ペルーの奇跡』——すべて特別な場所です。私は幸運なことにこれらの多くを訪れたことがありますが、一番よく知っているのはマルカワシです。初めて行ったのは12のときです」

彼は目を細めた。「12歳の子どもが行くにはずいぶん遠い場所だ」

「私の家族にとっては大切な場所なのです」。私は答える。

「ダニエル・ルーソ博士ですね」

「そうです！　ご存じなのですか？」

「マルカワシに一度、何日か勉強のために行ったことがあります。死から学ぶために」。彼は厳粛に言った。「ダニエル・ルーソ博士はマルカワシの人々にとても尊敬されています」

「私の曽祖父です」と私は言う。「私が小さい頃に亡くなったので、あまり詳しいことは知りません。しかし彼はマルカワシを愛していたので、あそこを訪れると彼とのつながりが感じられるのです」

マエストロの目つきが柔らかくなった。「先祖とつながるのは大切なことです」

私は頷いた。「最近、残された彼の妻が形見の品々をくれたとき、そのつながりをひしひしと感じました」。思い出すと笑みがこぼれた。「そういえば、その日、面白いことがあったのです。私が地質学者になったことを知った彼女は、笑いながら言いました。『ひいおじいちゃんが最も忌み嫌っていたタイプ

朝日出版社
話題の本

〒101-0065 東京都千代田区西神田 3-3-5
TEL 03-3263-3321　FAX 03-5226-9599
http://www.asahipress.com/
価格表示は税抜きです。別途消費税が加算されます。

書名の後に＊印のついている商品は
電子版でもお求めいただけます。

者ではありませんでしたし、彼の書き残したものからは、自らの主張の正しさを証明することのほうが、自然の声に耳を傾けることよりも彼にとっては大事だったろうとうかがえます」

マエストロは微笑む。「植物は人々をどのように癒やすべきかを私たちに教えてくれます。彼らの声に耳を傾け、薬を作るのです。きちんと耳を澄まさなければ、人に害を与えてしまいかねません」。彼はまた一呼吸置いた。「なぜ地質学を学ぶのですか?」

「なんというか、外にいるのが好きなんです」。私は笑みをこぼしながら言う。「まあ真面目な話、地質学は、私にこの世界を救う大きなチャンスを与えてくれているのだと思っています。エネルギーや資源を生み出すより良い方法を見つけようと学んでいるのです。

幸運なことに、私には母国と呼べる国が3つあります。ペルー、ニカラグア、そしてアメリカです。それぞれまったく違う場所ですが、共通のニーズを持っています。たとえば、きれいな水や空気、安定した経済、健康的な社会。これらはすべて、自然資源の使い方に直接・間接に左右されます。なので、もしエネルギーや資源をより良い方法で生み出すことができれば、これらの問題も同時に解決に向かっていくのです。煎じ詰めると、もし私たちが自然のことを大切にすれば、自然も私たちのことを大切にしてくれるのだと思います。地質学を実践することは、自然に対する私なりの敬意の表明なのです」

マエストロは何も言わない。少し居心地が悪くなってきた。そして、ようやく微笑んだかと思うと、からからと笑いだした。

「やっと理解できました」。声にはやさしさが込められている。「私は人類のクランデロ（癒し手）で、人々を癒やすのが使命。あなたは地球のクランデロで、地球を癒やすのが使命なのです。自然はあらゆる国のもの。国境などで区切られるべきものではありません。それはあなたも同じです。若き博士よ。あなたはこの使命を果たすために生まれてきたのです。自然とあなたは双子の魂。あなたが研究を続けるのは大切なことです。マヤントゥヤクで研究を続けてください」

私は言葉を失った。

「サプライズでしたか？」マエストロはまた笑う。

私は彼に感謝の意を述べ、近いうちに戻ってきたいと伝えた。「マエストロ。もうひとつお願いがあります」と私は言う。

「何でしょう？」

水のサンプルが入っているスーパーのビニール袋を取り出す。「このサンプルは昨日集めたものです。最初にあなたの許可を得たかったのですが、その場にいらっしゃらなかったので、ブランズウィックに聞いたところ、あなたのところに持って行って持ち帰ってもいいか聞くようにと言われました」

「もうすでにあなたは私の許可を得ているのですよ」。彼はボトルを1本取り出して観察する。「見せてくれてありがとう。あなたは素直な人ですね」。そして立ち上がると言った。「あげたいものがあります」。彼は隣の部屋へと消えた。何かを手に持って戻って来ると、私の手の中にそれを落としてくれた。冷たくて、滑らかに波打っている。「これはジャングルのエンカントです。あなたの使命を助ける、お守りです」

化石化したカキだった。私の手にぴったりと収まっている。「ありがとうございます」。私はすべすべした表面を恭《うやうや》しく触りながら言った。

「もうひとつ、あなたにお願いしたいことがあります」。マエストロは言う。水のサンプルをまたひとつ手に取った。「調べ終わったら、水を地面に流してほしいのです。世界のどこにいたとしても。水が故郷に帰ってこられるように」

第9章

待ちに待った帰還

マヤントゥヤクに夜の帳《とばり》が下りると、ジャングルは命で満ちる。コウモリたちがねぐらから飛び立ち、暗闇の中を人間には識別できない高音を発しながら飛んでいく。カエルや虫が大声で歌う。露のように輝く目でクモたちがジャングルを徘徊する。それらすべてを見下ろすようにして、暗闇であっても異彩を放っているのは、あの川だ。流れる音を轟《とどろ》かせ、波のように揺れ動く蒸気で冷たい夜の空気を包む。

発電機の音が夜のコーラスを破り、自然の音をかき消すと、マロカの電球がちかちか点滅しながら点いた。ここはマヤントゥヤクのコミュニティの中心にある、大きくて伝統的なアマゾンの長屋だ。

2012年7月、ダラスで8カ月を過ごした私は、ジャングルに戻ってきた。この野外調査旅行を調整するのはとても大変だった。博士論文審査会が、「煮えたぎる川」が研究を妨害し始めていると心配したのだ。「地熱マップの作成はかなりいいところまで来ている」と、審査委員の一人は私に言った。「川をきちんと調査すると、おそらく何年もかかるだろう。そのために手を止めるのは得策とは思えない」

さいわい、主査は私に経験を積ませようと、必要な許可を与えてくれた。この恩は一生忘れない。しかし、望んでいた資金を調達するにはすでに時間が少なすぎた。貯金箱を壊して必要な道具を自腹で買い、貯まったマイルを現金化して川に戻った。

ジャングルの奥地へと旅した長い1日の最後、ボランティア調査団のメンバーとして選ばれた8人は、マロカの木の床に円を描いて座った。地球科学者が2名、映画製作者、建築を学ぶ学生、ビデオゲーム・アーティスト、鳥の調教師、アドバイザー、小学校教師。私以外はみな初めてのアマゾンだ。全員興奮しながらお互いの反応を確かめ合っている。

「想像よりはるかに美しいわ！」私の妻で、南メソジスト大学で広告の修士号を取得したてのソフィーアが叫ぶ。

ビデオゲーム・アーティストで、従兄弟のポンチョも同感だ。「写真もすごかったけど、こうやってじかに見るともう、ワーオ！」

「まるで映画のセットみたい」。猛禽類《もうきんるい》のリハビリセンターで働くカルロスが言った。

「何よりすごいのは、川の大きさよ」。私以外でただ一人の地球科学者のマリアは言う。「色んなところで熱水泉をたくさん見てきたけど、ここまで大きいなんて。理解を超える熱湯の量よ」

「シャーマンが自分のウェブサイトを立ち上げたことがまだ信じられないよ」。映画製作者のピーターは言う。「気づいたら次はフェイスブックかもよ！」

「そして、彼らが私たちに持ってきてと頼んだうちのひとつが1箱分のドーナツ、ときたか」。建築を学んでいるバジルが言う。ピーターの弟だ。

小学校の先生をしているホイットニーは言う。「私たちを仲間に入れてくれてありがとう！」

おしゃべりの途中で、発電機の稼働時間が1晩2時間しかないことを突然思い出した。みなの注意を喚起し、これからここで行なうことについて説明を始めた。

「これから1カ月間、僕たちは、このジャングルでなぜ沸騰――まあ、正確に言えばほぼ沸騰だけど――する川が最も近い活火山の中心部から640キロ以上も離れた場所で存在しているのかを調査する。主に3つの仮説が考えられる。

1つ目。川は何らかのマグマ系に関連したものである。現時点としては、この仮説は除いてもいいだろう。この場所の地質はすでに調査し尽くされていて、火山やマグマに関連するものは何も発見されていない。さらに、2011年に入手したサンプルを分析した結果、川の水は大気のものであることがわかった。雨や雪として地上に降り注ぐ水と同じ化学的指紋だったんだ。でも、雨季のピークにサンプルを入手したせいかもしれないから、僕たちは乾季のピークにここにやって来たんだ。『最も純粋』な地熱水を入手するためにね。

2つ目の仮説こそが発見をすごくエキサイティングなものにしてくれる。この川はバカでかい熱水系に由来するもので、地球の奥深くまで染み込んだ水が熱せられて地上に湧き出たもの、というもの。こういった現象自体はよくあることだけれど、水温と水量を考えると、もう、すさまじい量の熱水が川に流入しているはずだ。世界最大、あるいは、少なくとも世界最大級の非火山性地熱系であったとしても、なんら不思議ではない。このこと自体とてもエキサイティングなんだけど、このシステムを理解することで、もっと大きな結果につながると思うんだ」

チームメンバーは、混乱した顔で私を見つめている。笑顔で頷いているのはマリアだけだ。私が次に何を言おうとしているのか、彼女はわかっているようだ。

「ここは神聖な場所だ。絶対に開発してはならない」。私はゆっくりと説明を再開した。「しかし『煮えたぎる川』を作っているプロセスと同じプロセスが、もしかしたらアマゾンの他の地中深くでも地熱系を作っているとしたら、その可能性は掘り下げる価値がある。これらのシステムを利用して地熱エネルギーを得ることができたら、プカルパをはじめアマゾンの発展途上都市のエコロジカル・フットプリント（人間の生活が自然環境に与える負荷）を減らし、仕事を増やせるかもしれないんだ。

繰り返しになるけど、この川は絶対に悪用されるべきではない。だけど、

2012年「煮えたぎる川」選抜チーム：左からアンドレス、ソフィーア、ピーター、ホイットニー、マリア、バシル、カルロス、ポンチョ。後ろの大きな池の水温は約60°C。

その仕組みを理解すれば、現代の生活水準と自然界を調和させられるかもしれない」

私は声を潜める。「そして、3つ目の仮説。これは最悪のシナリオだ。この川は自然にできたものではない、というもの。油田事故に由来するものなのかもしれない」

「そうすると、伝説は?」ホイットニーは聞く。

「伝説はあとから作られたのかもしれないよ」と私は言う。「のちに発見された不思議なものがもともとあったかのように語られること自体は、珍しくない。『煮えたぎる川』は、僕がこれまで目を通した研究資料には載っていない。このエリアは調査や開発が始まってからすでに80年ほど経っている。でも、これは気づかなかったことにしておきたいんだけど、なぜそれ以前の記録がないんだろうか?

この問いに回答するうえで鍵となる資料があるんだけど、どこにも見つからない。1933年のモーランレポート。ここの開発が始まる前に行なわれた唯一の調査結果で、理論的には、川についての記述があるはずなんだ。このエリアで活動している石油会社のメープルガスにも連絡を取ろうとしているんだけど、そっちもまだうまくいっていない。地熱マップの作成と、川をさらに理解するために、彼らの油田を調査させてもらえたらと思っている。

いずれにしても今回のゴールは、川を詳細にわたって調べること。メインの目標は、水のサンプルを採ることと、パチテア川へと流れていく川の綿密な温度マップを作ることだ。残念ながら、このエリアのグーグルアースの画像は解像度が低すぎて役に立たない。グーグル本部に高解像度の画像をくれるよう依頼を出そうと思っている。

最後に、このミーティングを終える前にひとつだけ付け加えたい。マエストロ・フアンとサンドラは今プカルパにいる。3日後には大勢の観光客ご一行を引き連れて戻ってくる予定だ。はい、これですべてだと思うけど、質問やコメント、懸念点がある人？」

「ひとつだけ」とカルロスは言う。「いま気づいたんだけど、ここまでピザから遠ざかったのは人生で初めてだよ」

発電機が切れると、ジャングルは再び暗闇に包まれた。コミュニティの端にある小屋でソフィーアと私は寝る準備をする。蚊帳のすそをマットレスの下に入念に押し込んだ。

「あなただけこんなに刺されるなんてまだ信じられないわ」。ソフィーアは言う。「不思議よね。みんな同じ虫除けを使っているのに……」

ベッドの中に落ち着き、私は言った。「アモール（恋人）、わからないよ」

「何がわからないの？」

「ブランズウィックが言うには、ここにペルー人はほとんど来ないらしい。観光客はほとんど外国人なんだって。ゲストブックを見たんだけど、たしかにみんな世界中から来ていた。こんなに巨大な『煮えたぎる川』がアマゾンのど真ん中にあるのに、なんで誰も今まで調査しなかったのか、意味がわからないんだ」

「アンドレス」と彼女はやさしく言う。「あなたは地熱科学者だからこういったことがどうしても目につくのかもしれない。けど観光客は癒されに来るのよ。彼らの関心は自らの問題や感情なの。それに、突然こんなアマゾンの奥地を体験することだけでも、かなり圧倒的なはず。先進国から来ている人たちにとっては特に。消化するだけでも大変。みんな川を見て、特別で不思議なものだと思うだろうけど、それだけでなくここはすべてが特別で不思議なの。それに最近は、この地球はすでに隅々まで調べ尽くされてしまったと、多くの人は感じている。専門家でもなければ、すでに調査済みであると思っても仕方がないと思うわ」

「確かに」と私は言った。「すべての人が僕と同じ物の見方をしているわけではないってことを忘れてたよ。科学では、わからないものこそ、その重要性を見いだし、徹底的に調べることが推奨されているからね。もっとみんな既成概念を疑ったらいいのに。世界がどれだけすばらしいところなのか、気づくきっかけになるのにって思うよ」

「そのためにあなたみたいな科学者がいるのよ」。ソフィーアは言った。「じゃあ、今日はこの辺で。もう疲れたわ」

私は暗闇の中を凝視する。明日起こるであろうこと、そして発見するであろうことで頭がいっぱいだ。つい口をついて出た。「川を調査し、それを世界に広めてもいいとマエストロが僕に許可してくれたことを、とにかく光栄に思うんだ」。しかし、ソフィーアはすでに眠りに落ちていた。

第10章

儀式

野外調査の最初の3日間は順調に進んだ。川沿いを踏査し、機器を調整し、方法論のテストを行ない、可能なかぎり正確に調査できるよう努めた。約束通り、マエストロとサンドラが新しいゲストを連れて戻ってきた。私は川のそばで植物薬を準備するマエストロと近況を共有した。

「まだ流れが冷たい川上までは行くことができましたが、裏側に回れる滝のある池よりも奥には進めませんでした」。私は報告する。「深いジャングルに、行く手を阻まれました」

「ルイスが連れて行ってくれます」。マエストロは言う。「彼はジャングルのことを誰よりも知っています」

「ありがとうございます」。私は言う。「地形と、密生した草木の影響で、GPSまでおかしくなってしまいました。位置情報のずれが大きすぎて役に立ちません。空き地なら大丈夫なのですが、それもほとんどありませんし」

「これからどうするつもりですか?」マエストロは作業から目を離さずに聞いた。

「ポンチョとカルロスを10メートルのロープでつなごうと思っています」。私は言う。「できるだけ川上から始めて、全体を歩ききるまで、10メートルごとに川の温度を測る予定です」

マエストロはこれを聞いてひとしきり笑った。笑いが収まると、彼は私の虫刺されを観察し始めた。「ずいぶん刺されましたね」

腕と脚を見てみる。「生きながら喰われてるみたいですよ! 片足だけで76

カ所も刺されていて、もう数えるのをやめました。不思議です。グループ全員同じ虫除けを使っているのに、こんなにひどいのは私だけなんて」

「こうなると思っていました」。マエストロは言う。「ジャングルは自らを守ろうとしているのです」

「何からですか?」

「あなたからです」

「他のみんなはどうなんですか?」私は聞いた。

「彼らは脅威ではありません。ジャングルはあなたを恐れているのです。精霊たちは私たちの内側を見ます。着いたときから、ジャングルはあなたのことを見ていました。ジャングルにはあなたの心の中が、あなたの持っている知識が、見えているのです。あなたと同じような知識を持つ人たちが過去にも来たことがありました。ジャングルはそのせいで傷ついたのです」

いつまでたっても見つからないモーランレポートが脳裏をよぎる。ペルーのアマゾンで、初の油田開発が行なわれたきっかけであるのは間違いないと思う。

「マリアはどうなんですか？」

「彼女のルーツはここにありませんし、脅威ではありません」

一呼吸置いて、私は聞いた。「どうすればよいのでしょうか？」

「ジャングルにあなたの魂を見せる必要があります」。マエストロは冷静に言う。そして川に目をやってから、続けた。「目的があって、川があなたを呼んだのです。それはときが来たら明らかになります。以前は、どのような目的か私にはわかりませんでした。今は、ジャングル自身がわからなくなっているのです。わからないものを私たちは恐れます。よって今夜、あなたをジャングルに紹介します」

その夜、私はコミュニティの中心にあるマロカを訪れた。マエストロが儀式の場所として指定したところだ。少し緊張して中に入ったが、懐かしい香りを嗅いで気分はすぐに落ち着いた。マロカの中はパロサントの木を焚《た》く甘い香りで満ちていた。子どもの頃、父が家でお祈りをする際にパロサントを使っていたのを思い出す。安らぎに包まれて、私は歩を進めた。

ブランズウィックがお香の入ったボウルを持ち上げると、その火が暗闇を照らした。マエストロとブランズウィックは、クシュマスという伝統的な祭服で身を包んでいる。青と赤と緑の縦縞模様が入っているアシャニンカ族のロングポンチョ、コンゴウインコの長い尾羽がてっぺんに付いた髪飾り。マエストロは、片方の手に首の長い瓶を、もう片方の手に火の点いたマパチョを持っている。アマゾンに自生する強いタバコだ。

ボウルの火とマパチョの赤い光が、暗闇によってさらに引き立てられ、儀式を準備するシャーマンとその弟子の顔を照らす。ブランズウィックがお香のボウルを持って私に近づく。私は背中をまっすぐ伸ばしながらひざまずいた。彼は火を吹き消す。赤い残り火が波のように揺れ動き、くすぶる。私の

30センチほど前にボウルを近づけると、マエストロが唱え始めた。

イカロ！　アマゾンの呪文！　リマにいた頃、イカロについてギダとエオは教えてくれた。癒やしたり導いたり、呼び覚ましたり魔法をかけたり、召喚したり隠したり、変形させたり形成したり、攻撃したり防御したり。ここ、暗闇の中で、マスターによって唱えられているのが聞こえてくる。

空いているほうの手でブランズウィックがお香の煙を体全体にかけるよう促してきた。両手を器の形にし、ボウルから立ち上る煙を捕らえて、指示通りやった。濃く甘い煙を全身にかけると、露出している皮膚がやさしく抱かれているように感じて、意外にも気持ち良かった。赤い光に照らされるなか、煙が私のシャツやズボンの折り目にしばらく引っかかり、消えていくのを私は見つめた。

マエストロがイカロを歌う。リズミカルで、一度聞いたら頭から離れないような曲調だ。アマゾンの聞き慣れない方言が、口で奏でるメロディのあい

マエストロ・フアンは古くからあるアシャニンカのヒーラーの流れを汲む。植物薬と「煮えたぎる川」の熱湯に助けられ、先祖から伝わる知恵を用いて人類を癒やす、という使命をまっとうしようとしている。

だから聞こえてくる。その歌はジャングルと同じくらい昔からあるもののように感じた。歌い続けるうちに、曲調が少しだけ変わった。馴染みあるジャングルの音が、マエストロの口から発せられる。

数分後、イカロは徐々に小さくなり、マエストロが鋭い口笛を吹くと終わった。マロカに沈黙が訪れると、外の暗闇の中で川が奏でるイカロが聞こえた。マエストロがマパチョに火を点けると、ライターの火花が散った。

続いてブランズウィックがイカロを歌う。雲の中に現れたキリストについての聖歌だ。スペイン語だが、リズムは間違いなくアマゾンのもの。カトリックとアマゾンのスピリチュアリティ（霊性）が見事に融合している。

マエストロは左手を前に出しながら私の前にかがみ、私の手に向かって合図した。私はお祈りの姿勢をとって両手を前に出した。彼は私の手をお椀の形に整えると、マパチョを吸って、麝香《じゃこう》のような香りのするその煙を、ヒューッと鋭く口笛を吹きながら私の手に2回吹き込む。続けて、頭のてっぺんにも吹きかけてきた。

　ブランズウィックのイカロが小さくなり始める。短い沈黙ののちに、マエストロが違うイカロを歌い始めた。スペイン語と、1回目のイカロとは別のアマゾンの方言とを混ぜて歌っている。注意深く聞くと、明らかにケチュア語を語源としている単語がいくつか拾えた――が、馴染みのあるアンデスのケチュア語ではない。水と蒸気の精、ジャングルと植物の精、そして神と天使たちをマエストロは呼び出す。水に向かって歌う彼のトーンはやさしく、親しみがこもっていて、愛する家族にでも話しかけているようだった。神に向かって歌ったときは畏敬の念が込められていた。しかしジャングルと植物に向かって歌ったときは、何かについて説得しようとしているようだった。私のことを擁護してくれているのが見て取れた。

「エル・カメ・レナコ」をはじめとして、重要な木々の名前を挙げ、それぞれの強烈な薬効を讃えた。一本一本名前を呼び、その木の歌を歌った。各ガーディアンツリーに対して、敬意を表しているのだろう。マエストロはそれぞれの木のイカロの締めくくりで「ジョラ、ジョラ、コモジョ（泣く、泣く、私のように）」と言った。彼らが生命であり、その魂は自らのものと同等であると、念を押しているようだった。

さらに何度か鋭い口笛を吹いて、マエストロのイカロは終わった。そして細い緑色の瓶を持ち上げて、中身を私にふりかける。心地良くほのかな花の香りがする。再度、お祈りの姿勢で両手を前に出すよう促してきた。彼は瓶の口の部分に自分の口をかぶせ、深く息を吸い、私の両手、両肩、そして頭のてっぺんに、またあのヒューーッという鋭い音とともに息を吹きかけてきた。

マエストロは後ろに下がった。残り火が、彼の顔に喜色が表れるのを照らす。彼はゆっくりと頷き、私は立ち上がる。

「明日私のもとへ来てください」。彼は低い声で言う。「見せなければいけない場所があります」

第11章

ジャングルの精霊たち

「もう今までとは違います」とマエストロは厳かに言った。私たちは早朝の太陽を浴びながら川上に向かって歩いている。「川はあなたを蒸気で洗礼しました。昨日、私たちはあなたを植物で洗礼しました。ジャングルはもう、あなたを脅威として見ていません。助けに来ていると理解しています」

私は訝《いぶか》しげな視線を送るが、彼はただ微笑むばかりだ。「刺されましたか?」

彼は聞いた。

腕と脚を念入りに調べる。新しく刺された跡は見当たらない。立ち止まり、思い出そうとする。虫除けを付け直したのだっけ？　いや、儀式の前に身体を洗ってから、虫除けは付けていない。マエストロは訳知り顔で微笑んだ。「あれらはもうあなたにちょっかいを出しませんよ」。マエストロは言った。

「どうしてそう言いきれるのですか？」

彼はしばし間を取り、黒目を輝かせて言った。「あなたにあなたの科学があるように、私には私の科学があるのです」

歩きながら、マエストロの言葉の意味について考える――「蒸気で洗礼され、今は植物で洗礼された」。

そして気づいた。パロサントは木であり、タバコは葉であり、香水は花から作られている。それぞれ、植物のパーツを表現しているのだ。川の蒸気は昨夜、燃える植物の煙で表現されていた。

マエストロとブランズウィックは歩みを止め、道の端に目を向けた。古くてうっそうとした小道が急斜面を下っていく。2人はマチェーテ（ナタのような山刀）で植物を切りながら進み始めた。川の音が下のほうから聞こえてくるが、姿は見えない。繁茂する草木が視界を遮っているのだ。彼らについて下ると、岩の川岸に辿り着いた。

ここの川幅はだいたい8メートルほど。ターコイズ色の水は美しく澄み、流れは強く安定している。太陽が激しく照りつけてくる。川岸ではいつもより暑く感じられた。マエストロ、ブランズウィック、そして私も汗だくだ。

ここでは川の音が違う——激しい轟きの代わりに、無数の小川がちょろちょろ流れる音が聞こえる。川岸のアイボリー色の岩には、錆色の染みがたくさん付いている。熱湯がその染みに沿って流れ、両側に緑と黄の帯がある（おそらく藻類か微生物マットだろう）。地熱水が湧き出ているところでは、サンゴを彷彿《ほうふつ》とさせる見事な形の鉱床ができている。地熱科学者にとって、ここはパラダイスだ。

マエストロは私が興奮していることに気づいた。「これが『神聖なる水』です。強い精霊たちがここに住んでいます」。彼は真剣な面持ちで言った。「純粋でとても熱い。足を目のようにして足元を確かめてください。見てまわってもいいですが、気をつけて」

私は泉を見てまわった。マエストロとブランズウィックは川の縁のところで、新たな道を切り開き始める。

15分ほど経って、マエストロが私を呼んだ。立ち込める蒸気のなか、彼とブランズウィックの姿がシルエットとして浮かび上がる。18メートルほど川を下ったところで、切り開いたばかりの道に一列になって立っている。

道は細く、切り立った崖の上に作られていた。すぐ下は川だ。一歩一歩、足元を慎重に確かめながら彼らのもとへと歩みを進める。道の泥っぽくないところは切りたての植物で埋まっていて、とても滑りやすくなっている。時折吹く風が私を蒸気で包み、視界を遮る。

歩くことに集中する。顔は汗だらけだ。一息一息、ゆっくりと深く、一歩一歩、計算しながらしっかりと。

ようやくマエストロとブランズウィックがいるところに着いた。ここへ来て初めて、渦を巻きながらはねる水の音に気づいた。むっと湿った空気とむせ返るような暑さのなか、私たちの足の下から30センチも行かないところで、川が激しく渦巻いている。

「これがラ・ボンバ（ポンプ）です」。マエストロは言う。「ここは本当に気をつけてください」

彼の忠告は不要だった。すさまじい暑さで我慢できなくなる寸前だ。今まで訪れた川のどの場所よりも明らかに暑い。蒸し暑い日にもかかわらず、もくもくと湯気が川から立ち上り、熱い空気から目を守るためにまぶたを閉じざるをえない。これだけ激しく流れる大量の熱湯を見るのは初めてだ――もちろん、こんなに不安定な場所からというのも。ちょっと足を滑らせただけで瞬時にIII度熱傷を負うだろうし、簡単には這い上がれないだろう。川面のあちこちで泡が弾けている。蒸気がむくむく立ち上る。足の踏み場を間違えたり、余計な考えに耽ったりしている余裕はない。本能的に頭がすっきり、しっかりと働き、すさまじい集中力を発揮する。一息一息、一歩一歩、すべての思考に細心の注意を払う。ちょっとの誤りが命取りになるのだ。

ここに長く留まれないことはわかってはいるのだが、どうしてもこの奇妙なシステムを理解したい気持ちを抑えられない。一つひとつ、目の前にある事実を頭の中でかき集める。蒸し暑い気温と相容れない真っ白の濃い蒸気、激しく弾ける泡、すさまじい暑さ。薄目で、ぶくぶくと泡立つ川をさらに注意深く見渡した。川面のところどころが、まるで雨が降り注いでいるかのように見える。が、実際に雨は降っていない。水中から泡が浮かび上がってきているだけだ。岩に入った線状のひび、つまり断層が、川の反対側の崖を下の川へと向かって伸びている。泡は断層から来ているのだ！　断層はよく地球の「動脈」として働く。地球の中を流れる水の高速道路のようなものだ。ここではまさにそれが起こっている——断層を通って流れ込む熱水によって、川は熱せられているのだ。

畏怖の念に打たれる。ただの伝説ではなかったのか？　作り話ではなかったのか？

驚きを隠せないまま、泡立つ川へと目をやる。無色・無臭の気体がただの蒸気なのか、何かエキゾチックなものなのか、確証が摑めない。温度計を持ってくれればよかった、と思いながら、どうやったらサンプルが得られるか考えた。いま目の前に見えているものを立証するには、客観的なデータが必要だ。本当に川は沸騰しているのだろうか？

頭の中で声が聞こえた——アンドレス、もし君がジャングルで迷子になって、恐れおののいているコンキスタドールなら、温度計なんか持っていないだろう。第一、君はこれを何て呼べばいいかなんてわかっているだろう——。迷いは消えた。この瞬間を最大限に味わうことにした。一息一息、痛いほどに熱い空気を楽しんだ。

長いこと、「煮えたぎる川」がその名にふさわしいものであるようにと密かに願っていた。そして今まさに、この発見の瞬間、そうであることを証明できた。少なくとも定性的には。これから定量的に水温を確認する必要があるが、少しのあいだ、渦を巻きながら泡立つ「ラ・ボンバ」の熱湯に魅了され、わくわくすると同時にほっとしている自分がいた。

このまま川をずっと見ようと思えば見ていられると思ったそのとき、マエストロとブランズウィックがこの暑さから早く逃れたいと訴えてきた。一列になり、ゆっくりと、細心の注意を払いながら、切り立った崖の道を引き返し、「神聖なる水」のある場所へと戻った。安定した石岸で、マエストロに心からの感謝を伝えた。「でもひとつだけわからないのです」と私は言う。「もし川のこの場所がそんなに特別なのだとしたら、なぜ道が植物で覆われていたのでしょうか?」

マエストロは、聞いてほしい質問を生徒から聞かれた先生のような笑みを浮かべた。「守るために隠すのです」。彼は説明する。「この川は神聖です。教会ではお香やろうそくの煙が純真な信徒の祈りを神のもとへ届けます。しかしここでは、川の蒸気が動物や植物や石といった万物の祈りを運びます。ここは自然の教会なのです。

はるか昔、われわれの祖父の時代には、ほとんど誰もここを訪れませんでした。人々は川の精霊たちを恐れ、最も力ある強いヒーラーだけがここを訪れました。

祖父たちはこの川に対して深い尊敬の念を抱いていました。しかし時代は変わったのです。『偉大なる文明』がジャングルを発展させ、川の本当の名前――シャナイ・ティンピシュカ（太陽の熱によって沸騰するもの）という名を知る者は数少なくなりました。

現代という魔法の誘惑の力は強い。私ももう少しでそっちに引っ張られるところでした。しかし、川が私を呼ぶ力のほうが強かったのです」

「何が起きたのですか?」私は聞く。

「ジャングルを歩いていたら、ハンターの罠に落ちて射られたのです。病院の医者に私は二度と歩けないと言われました。まだ傷跡が残っています」。彼は足を指差した。マエストロがいつも脚の下を包む靴下や、長いズボンを穿いていた理由が理解できた。

「でも普通に歩いてますよね」。私は驚きを隠せない。「どうやって治したんですか?」

「サンドラです」と微笑みながら彼は言った。「病院で看護してくれたのは彼女です。そしてこう言いました。『あなたがそんなにすごいシャーマンなら、なんで自分のことを治さないの?』私は励まされました。彼女は正しかったのです。

友人と松葉杖の助けを借りて、病院を抜けてここに来ました。ジャングルの精霊たちと強力な自然薬について祖父たちが語ったストーリーを思い出しながら。二度と歩けないと言われたのですが、『エル・カメ・レナコ』が私に与えた薬と、川の蒸気によって、私の骨や筋肉は治り始めました。古代の薬にはまだまだ価値があると身をもって証明したのです。『偉大なる文明』はしばしば植物の力を軽んじ、私たちの若い世代ですらその力を忘れてしまいます。だからマヤントゥヤクを作ったのです。大昔から引き継がれてきた植物の知恵が失われないために」

その夜、私は「エル・カメ・レナコ」の下に座り、すぐ横を流れる川を見つめた。

「太陽の熱によって沸騰するもの」。大昔、この川をそう名付けたアマゾンの人々を思いながら、小声で独り言を言った。この川がなぜ沸騰しているのか、疑問に思ったのは私が最初ではないのだ。

古代アマゾンの人々にとって、川を沸騰させているのは太陽だというのが最良の仮説だった。現在、彼らの子孫はその原因を火山に求めている。今のところ、私のデータからもすさまじい地熱系の存在がうかがえる。でも、もしかしたらこの「最先端」の科学的理解だって、太陽が川を沸騰させている説と同じようなものとして映る日が来るかもしれない。

嫌な考えが頭をよぎる——まだ油田事故の仮説を捨て去れたわけではない——。口伝は信頼できる科学的な文書として認められない。モーラン資料を見つけなければ。運良く川の記述があれば、開発前に川が存在していたかどうかがようやくわかる。

そう考えるだけでもつらかった。この場所とここの人たちは私にとってかけがえのない存在となった。ここはもう特別な場所だ。ただ、データはそれを裏付けてくれるだろうか？

むき出しになっている腕と脚を手で触る。新しく虫に刺された跡がないことに気づいた。もしかしたら新しく刺された部位との区別がついていないだけなのかもしれない。あるいはマエストロのお香に入っていた何かしらの成分が自然の虫除けの働きを持っているのかもしれない。これは科学的に説明できるはずだ。けれど、何かが変わったのは否定しがたい事実だ。儀式の効果はあったのだ。

振り返って川を見た。この何とも言えない、結論の見えない状態をすっきりさせたい――ここでは科学とスピリチュアルが一体となり、共存しているように思える。

その月の残りはあっという間に過ぎた。出発前夜、マエストロにさよならを言いたくて探したら、ハンモックでマポチョを吸っていた。彼の横にプラスチックのスツールを引いてパソコンを開き、川の流れに沿って測った水温のグラフを見せた。

「測った水温の結果です」と私は説明した。「私たちは可能なかぎり川を上りましたが、ルイスは水源までは行きたがりませんでした。そこには、命を奪う前に家族の姿をして現れる霊たちがいる、と彼は言いました」

「シャピシクス」。マエストロは言った。「やつらは厄介です。行かなくて正解でした」。論文審査員たちがこの説明をどう受け止めるだろうかと考えながら、私は微笑んだ。

「このグラフを見ると」と私は続ける。「川は最初冷たくて、そして熱くなって、冷めて、また熱くなって、少し冷めて、その後最高水温に達して、最後は少しずつ冷めながらパチテア川に流れ込んでいます。残念ながら、川全体の水温を測ることはできませんでした。ジャングルに阻まれてしまったので。でもまた戻ってきて残りを測ります。今のところ、いくつかの流入ゾーンがあることをデータは示しています。断層帯から熱水が溢れ出て、川の水温を上げると同時に、水量を増やしているのです。このデータと、岩と水の分析結果を比較することで、成分的に個々の断層帯がどの帯水層とつながっているのかが判明すると期待しています。まだまだやるべきことは残っています」

泡立つ「神聖なる水」。断層、つまり地球に入った亀裂は「動脈」として働く。ここを通った地熱水が表面に溢れ出ることで「煮えたぎる川」を作っているのだ。

マエストロはグラフに細かく目を通し、水温がピークになっているところを指差した。「こういった視点でヤクママやスミルナの泉、『神聖なる水』を見たことはありません」。私にとって科学的に重要な意味を持つこれらの場所は、マエストロにとっては霊的に深い意味があるのだと気づいた。

納得して微笑みながら彼は言った。「これは善い、大切な仕事です。ありがとうございます」。私は幸福感に満たされた。

「もうひとつだけ」。バックパックに手を伸ばしつつ私は言った。「ルイスとこれを見つけました」。自然にくっ付いてハート形になった2つのカキの化石を見せる。

「エンカント」とマエストロは言った。「こんなのは今まで見たことがありません」。彼は少し考えてから、やさしい口調で続ける。「ジャングルがあなたに自らのハートをくれたのです。大切にしてください」

第12章

動かぬ証拠

「最初うっとうしいものだった……」

――「モーランレポート」（1936年）。ロバート・B・モーランとダグラス・ファイフの同業者であるR・Gグリーンが、1930年代初頭に「煮えたぎる川」を目撃して。

2013年2月。私はテキサスのSMU地熱ラボで「煮えたぎる川」の水質サンプルを分析している。寒くて、窓ひとつないラボ。6カ月前にアマゾンを離れて以来、川やジャングルのことが毎日のように頭をよぎる。マエストロは、ジャングルが私に「自らのハートをくれたのです」と言った。私のハートの一部もそこに置いてきたことは明白だった。

「煮えたぎる川」は架空の伝説ではない——しかし、夢の中から出てきたもののようであることは確かだ。その熱湯は6・5キロほど川を流れ、ところどころで180センチ以上の深さを有し、25メートル近くの幅になるところもある。大きな熱湯の池、沸騰する急流、蒸気が立ち上る滝、煮えたぎる熱水泉。川は、最も近い活火山の中心部から640キロ以上離れている非火山性地熱系なのだ。

しかし、まだ悪夢のようにちらつく脅威がある——神聖なる川は油田事故に由来するものなのだろうか？　だいたい、調査し尽くされて人も大勢来るこの場所で、これだけ大きな地熱徴候が記録されず、「気づかれなかった」ことなんてあるのだろうか？　こんなに大きくて文化的にも重要な意味を持つ熱湯の川がなぜきちんと確認されてこなかったのだろうか？　マエストロやコミュニティの古いメンバーたちは、川が「祖父たちの代よりも前から」存在していたと言うが、確たる証拠がない。今はとにかくモーランとファイフのレポートを見つけるのが最優先だ。「煮えたぎる川」が油田開発の前から存在していたかという問いに答えられるただひとつの資料なのだ。

ラボのコンピュータで「モーランとファイフ」と検索する。すでに100万回以上もそうやってきたと思う。ここ数年間、色んな組み合わせで関連ワードをバーチャルの暗闇に打ち込んできたが実りはなかった。しばし手を止めて、検索結果が表示されるのを待った。驚いたことに、今回は何かにヒットした。パソコンに顔を近づけ、見出しを読んだ。「ロバート・Bとウィリアム・R　モーラン資料の案内」

せわしなくマウスをクリックすると、カリフォルニアのオンラインアーカイブに辿り着いた。そこにはロバート・B・モーランが書いたオリジナルレポートや文書、写真やその他資料のコレクションの一覧が表示されている。

総じて「モーラン資料」と呼ばれているものだ。

2年間探し続けた結果、ようやく見つけた。モーランレポートの実在へとつながる道。探しているレポートも、モーラン資料の他の文献もオンラインでは閲覧できないようだ。しかし、モーラン資料はカリフォルニア大学サンタバーバラ校（UCSB）の特別コレクション図書館内の閉ざされた資料保管室に貯蔵されていると、サイトには記載されている。ここで行き詰まった。資料保管室に入るには、モーラントラストから特別に法的な許可を得る必要があるのだ。

図書館に電話する。電話の向こう側から静かな「こんにちは」という声が聞こえてきて、モーラン資料を求める私の情熱に火が点くと同時に、これでやっと探求が終わるという安堵の気持ちが湧いた。一呼吸置く。ぎこちない沈黙が訪れる。電話を取った図書館員は、これから話す内容について心の準備などしていたはずもない。急に恥ずかしくなり、私は声を抑える。

「こんにちは。アンドレス・ルーソと申します。南メソジスト大学の博士課程に通っています。ペルーで行なっている地球物理学研究のために、モーラントラスト資料保管室の入室許可をいただきたく、お電話差しあげました」

一拍置いて、「モーラン資料に関してはトラストの弁護士とコンタクトを取る必要があります」

弁護士から連絡が来るまで10日もかかったが、ようやく許可をもらえた。すぐに私はサンタバーバラへと向かう飛行機に乗った。

「ここが閲覧室です」。やさしく、ものやわらかな図書館員が私をUCSB特別コレクション図書館内にある長方形の大きな部屋に案内してくれた。「飲食は禁止です。資料は決してこの部屋から持ち出さないでください。お好きなテーブルでお待ちください。モーラン資料の保管箱のカートをお持ちします」。彼女は私ひとりを部屋に残して出て行こうとしたが、その前に一言付け足した。「あっ、それと……この部屋では絶対にお静かに願います」

地球科学者として、「保管室での仕事」といって頭に浮かぶのは、岩のサンプルで埋め尽くされたトレイがいっぱい並ぶ、窓もなく暗い倉庫のような部屋だ。岩の保管室は、お世辞にもきれいとは言いがたい。出る頃にはたいていホコリまみれになっていて、一刻も早くシャワーを浴びたくなる。それに比べると、ここでの仕事は贅沢な感じがする。とてもきれいな閲覧室だ。頭上の細長い蛍光灯が放つ光は落ち着いていて、この部屋の静寂を際立たせている。部屋を埋めているのは10台のテーブルで、それぞれにひとつずつ椅子が付いている。ここでの仕事はひとりで静かに行なうもの、というわけだ。

後ろの壁を端から端まで高さ180センチにわたって埋め尽くしているのは、古いカード目録だ。均等に並ぶ引き出しの取っ手とラベルが、部屋の整然とした印象を強めている。カード目録の上では半身像が無言で部屋を見守る。近くではセラミックでできた実物大のジャック・ラッセル・テリアが古い蓄音機を覗き込んでいる。しかしこの部屋で最も目に付くのは、壁の残りを占める巨大な窓だ。八方から人目にさらされているような気分になる。用心深い図書館員が、資料を閲覧する人をありとあらゆる角度から、逆に閲覧しているかのように感じる。

テーブルを決めるとちょうど、棚の付いた鉄製カートを押しながら図書館員が戻ってきた。赤いリボンで蓋を閉めた灰色の保管箱がいくつか、その古いカートには乗っていた。一箱ずつしか部屋に持ち込んではいけないとのことだ。私は慎重に連番の箱の中からひとつ手に取った。私をじろじろ見る図書館員の視線を感じながら、閲覧室に入る。箱の中を隈なく調べ、細心の注意を払いながら、一つひとつ資料を確認する。終わるとあらためて赤いリボンで蓋を閉め、部屋を出て別の箱と交換する。これを何時間も繰り返した。ほとんどが私物だった。ポストカードやオペラ公演のチラシ、その他地質学とはまったく関係のない情報。

89番の箱の蓋を持ち上げると、あるラベルが目に飛び込んできた。「アグア・カリエンテ、ペルー、地質レポート」。息をのんだ。亡霊を見たような気分になった。そっと箱からフォルダを取り出し、ゆっくりと開くと、黄色く古びた紙の束がでてきた。タイプライターで打たれた紙のところどころに、だいぶ昔に書かれたであろう筆記体の注釈がある。折り目の付いたページをめくっていくと、抑えがたい喜びの波が全身を駆け巡った――見つけた。ずっと探していた1933年の調査結果だけでなく、その歴史的背景を明らかにする未発表のノートやレポートもたくさんあった。「アグア・カリエンテ・ドーム」における探索と開発の初期段階についての貴重な洞察。油田開発の前に川があったのか、なかったのか、その答えはここにあるのだ。

午前の中頃。窓からはUCSBの学生たちが廊下を歩き、図書館で精を出して勉強する姿が見える。すばらしい、と心の中でつぶやく。長年この情報を探し続け、この図書館に来るためだけに飛行機で国の半分を横断した。でも、ここの学生たちにとってこの図書館はただの日常なのだ。私にとっては

SMUが、マヤントゥヤクにとっては川が日常であるのと同じように。こんな考えが浮かんだ。どれだけの発見が、私の人生の「ホワイトノイズ」の中に、私の日常という背景に隠れているのだろう？　部屋の大きな時計が、私の手の中にある資料へと注意を引き戻した。モーラン資料には、アマゾンの石油探索が気ままに始まったばかりの頃の魅力的なストーリーが綴られていた。

1920～30年代、ペルーのアマゾンは国際的な石油開発の中心地だった。スタンダード・オイル・オブ・ニュージャージーとロックフェラー財団は地質学者のチームをジャングルに送り込んでいた。すべて秘密裏に。

地質学者のロバート・B・モーランが大きな卵形の地形を発見したのは、鉄道建設のプロジェクトのために上空から調査しているときだった。低く平らなジャングルより何百メートルも高くそびえる地質学的ドーム。

このドームに石油があるに違いないと判断したモーランは、すぐにチームを編成して、1930〜32年にかけてこのエリアを調査した。

現地調査で得た個々のオリジナルデータは残っていないが、調査後しばらく経ってからまとめられた現地レポートは多数あった。レポートに書かれている話を読んで当惑した。モーランと彼のチームは川を見つけてはいる。・・・・・しかし、レポートの内容に統一性がない。私が実際に見た川とマッチする説明もあれば、しないものもあるのだ。しないものに関しては、どうも川の存在をわざと矮小化しているように思えた。たしかに彼らの目的は川の調査ではなく、石油の発見だ。それは重々承知している。しかし、やはり何かがおかしい。さいわいなことに、地質学者のR・G・グリーンの内部向けレポートに、この矛盾に関する納得のいく説明があった。グリーンはモーランチームの仕事を第三者としてチェックする仕事を請け負っていた。石油業界においてこういったことは今もなおよく行なわれている。社内の地質に関わる仕事を第三者のエキスパートに確認してもらうのだ。たいていの場合、潜在的投資家のために（基本的に彼らは地質関連の技術的知識をまったく有していない）。

グリーンは言う。「熱湯の存在は、最初うっとうしいものだった。しかし分析結果は、川はアグア・カリエンテ背斜の将来的価値を下げることになる邪魔くさいマグマによるものではなく、問題のないものだということを示している」

動かぬ証拠を見つけた。マエストロは正しかった――川は祖父たちの代よりも前からあったのだ。モーランのチームは川を発見していて、彼らが見たものは私が見たものと基本的に同じ、つまり油田開発による大きな影響は受けていないという仮説の正しさをレポートは裏付けている。彼らが川を発見したのは、環境上の利害関係や「ワイルドインディアン」（あるレポートではそう呼ばれていた）について考慮し、報告する義務が法令によって定まるずっと以前だった。川はジャングルの奥地にある。そのため、何十年ものあいだにわたって開発を行なってきた数々の石油会社が、法令が定まった後においてもことごとく「見落とし」続けていたとしても納得できる。なんといっても、チームの目的は石油の産出と投資家の獲得だったのだ。

地熱系は石油資源を「煮すぎ」て、使いものにならない状態にしてしまうことがあるため、脅威と見なされることが多い。モーランチームが行なった1930年代の地質調査は、川はマグマによるものではなく、石油資源にとってまったく脅威ではないと結論づけている。しかしこれを、重要な資金調達源である投資家にわかってもらえるように説明するのは、骨の折れる作業だろう。彼らは専門家でないし、ちょっとしたことですぐ不安になる。「モーラン資料」の中で、川にほとんど注目していない理由、それと、一部のレポートではきちんと説明されてはいるものの、他ではその存在を矮小化されているわけがようやくはっきりした。

さいわいなことに、モーランと彼の同僚たちの努力は実ったようだ。ペルー政府から石油の採掘権が認可され、1938年には最初の油井をペルーのアマゾン内に掘削した。

ついに証拠を見つけた。川はたしかに自然現象で、油田開発の前から存在している。全身の力を抜いて、私は椅子にもたれた。頭の中は、これからすべきことと、まだ答えの出ていない問いで、いっぱいだ。

第13章

最大の脅威

2013年8月。ジャングルを最後にした日からすでに1年近く経った。「アグア・カリエンテ・ドーム」で1週間作業するため、私は「メープルガスカンパニー」と書いてあるトラックに乗っている。

メープルガスは、油田を調査する許可を与えてくれた。調査するうえで必要なデータや地図、サンプルをすべて参照できる権限、さらには油井内で地中深くの温度を計測する許可も与えてくれた。これらの情報は、このエリアの地質と地殻エネルギーについて理解を深める助けになってくれる。そして油井に入れば、「煮えたぎる川」近辺の地中深くの温度が初めてわかる。くわえてメープルは、川は自然現象であることを裏付ける作業データもくれた。また、博士論文審査会にとってもよろこばしいことに、油井から得られるデータによって、高い精度でペルーのアマゾン内のヒートフローサイトがわかる――ペルー初の詳細な地熱マップの完成に、また一歩近づくことになるのだ。

車に揺られながら、私は窓の外に目を向ける。見渡すかぎり、丘が波打ち、牧場が広がり、ぽつぽつと牛が草を食んでいる。

「悲しいですよね?」メープルの地質学者、ホセが言う。私は混乱して彼を見た。

「ここから油田のほうへと続く景色を見てみてください――目の前で環境が破壊されているのに誰も関心を持たない」。ホセは続ける。「ここはアマゾンの熱帯雨林です。ここに平野があること自体おかしいんです」

大惨事のあとのアマゾニア。緩やかにうねる平野、
反芻する牛、そして焼き払われた原生林の残骸。

牧場のほうにまた目をやる。ホセの言うとおりだ。川に初めて来て以来、毎年ここに通ってきたのに——なぜ今まで気づかなかったのだろう？　森林伐採というと、不毛の荒れ地やトラクターの跡、切り株などを思い浮かべていた——緩やかにうねる丘や、緑豊かな牧草地なんて思い浮かばない。実はずっと環境破壊を目撃していたのだ。怒りが沸いてきた。

ホセは40代前半だ。ペルーのあちこちの油田で働いてきた。表向きは陽気だが、内には厳格さを秘めている。「多くの人がいまだに石油会社のことを、環境破壊が目的だと言わんばかりに忌み嫌っているのに納得できません。みんな気づいていないけど、ここ40年のあいだに世界の環境運動によって私たちのやり方も変わってきたんです。私たちは監視され、ちょっとしたミスでもすぐに責任を取らされます。しかし、不法占拠者や自称『酪農家』は何か問題があればすぐに姿をくらまします。こうした犯罪者たちはジャングルに侵入しては、密猟し、価値ある大木を切り倒していきます。そうやって不当に入手したものをタダ同然の価格で売って、土地にガソリンをぶっかけて、火を点けて、何もなくなるまで燃やすんですよ！　また草が生えてきたら牛を数頭この『牧草地』に放つのです。ビジネスの戦略としては抜け目ないのですが、やっていることが卑劣すぎます──彼らは何も代償を払う必要がないのです！　もし彼らがこの非道を続けるのであれば、原生林として残るのは国立公園かアマゾンの油田だけになってしまう」

「油田？」私は聞く。

「事業を行なう企業は、環境条例に従わないと厳しく罰せられます」。ホセは言う。「開発を始める前に、環境や社会に対する影響を調査し、作業後に環境をもとに戻すプランを立てるよう環境省は要請してきます。植物相と動物相、コミュニティ、水、空気、土壌、その他さまざまな事柄を考慮する必要があるのです。移動性の動物や季節ごとの課題もすべて把握する必要があるため、雨季と乾季両方を調査しなければいけません。掘削する際は、取り払う植物の種類を控えておく必要があります。そして、特別な許可なく大木を切り倒すことは禁止されています。すべての企業が完璧に実践できているとは言えません。しかし、みな努力はしています。環境を破壊しても咎《とが》められなかった『西部開拓時代』とは、時代が変わったのです」

温かい沈黙に包まれるなか、私たちは進んだ。

新たな視点で窓の外を見た。牧草地はアマゾニアが受けた大惨事の結果なのだ。気持ちが滅入る。複雑な状況を理解しようと必死になった。アマゾン全体が保護されればと思うが、現実的には難しい。貧困からの脱出、人生を好転させるチャンスをみな求めている。今のペルーにとって、経済成長は重要な政治戦略だ。そして、国際貿易に参加するうえで重要なカギだと考えられているのが、際限なく上がり続ける農産物や原料の国際的な需要である（安価な調達先を求める多国籍企業によってそうした印象はさらに強められている）。政府はこの需要に応えようと、アマゾンでの土地開発を奨励している。権利や許可を与えるのだ。しかし、すべてが責任ある開発ではなく、基本的に地域が主導するスケールの小さな開発においては管理すらされていない。極貧地帯においては特にそうだ。環境への配慮はほとんどの場合考えられていない。

目の前にある問題の、とてつもない複雑さと格闘する。アマゾンは多様性に富み、その面積はアメリカの90%ほどもある。ある地域の特性がアマゾン全体の特性だと思ったら、間違いを犯すことになる。それぞれの地域がそれぞれ違った状況に置かれているのだ。歴史的要因も考慮する必要がある。スペインによる征服とヨーロッパの病気（天然痘など）によって先住民の8割から9割が亡くなったと考えられている。生き残った人たちを待っていたのは「カウチェロ（泥棒男爵）」だ。その残忍さに比べれば、それまでの征服なんてかわいいものだ。もしかしたら、牧草地だけがアマゾニアが受けた大惨事の結果ではないのかもしれない。過去を材料に現在の環境破壊を正当化していいいわけではないが、こんな状況になってしまった背景は見えてくる。アマゾンの人々（孤立して伝統的な暮らし方をしている人や、文明社会に暮らす人）、そうでない人々、そしてその中間にいる人々。それぞれが違うかたちで、ジャングルと現代のグローバル世界とに関わっている。そして、みんなひとつの前提を共有している。ジャングルには価値がある——金銭的、生態学的、あるいは伝統的な。何らかの価値があるのだ。

長期的に土地を維持するには、しっかりと計画された環境保全モデルが必要だ。そのためには、現地の人々が環境にやさしい開発を行なうことが利益につながるのが必須である。ペルーおよび各国の組織は原生林を守るために懸命だ。しかし、目の前の広大な平野を見ていると思う。どうすれば残っているジャングルを守れるだろうか？　どうすればなくなってしまったジャングルを蘇《よみがえ》らせることができるだろうか？　ここはまさに森林伐採の最前線——道が通っているし、近くの居留地からのアクセスも良い。ジャングルは無防備なのだ。

シピボのシャーマンはかつてこう言った。「ジャングルにとって最大の脅威は『先住民であることを忘れた先住民』だ――ジャングルを尊敬する伝統を忘れてしまった者、自分勝手な理由で利用する者」。このシピボのシャーマンは彼のコミュニティ内でとても尊敬されていて、シピボの文化や伝統を現代に伝える。この言葉を口にしたとき、彼は「西洋的な服装」をしていた。近代的なメガネ、タンクトップの上に襟付きボタンシャツ、きちんとアイロンがけされた黒いズボン、エレガントな革靴。肉体的には、リマの先住民の流れを汲む現代ペルー人と見分けがつかなかった。アマゾンの人々から絶大なる信頼を得ている人物が、西洋的な服装をし、予想外のメッセージを伝えてきたこの出来事を通して、とても大切なことを学んだ。アマゾンの保護管理地区を訪れる際、そこに住むすべての人が森と調和して生き、伝統的な服を身にまとい、よくいるいわゆる「正義の味方」や「悪者」

ばかりだと決めつけてはいけない。たしかに悲しむべき過去だ。アマゾンの人々はたしかにヨーロッパの病気に苦しめられた。「泥棒男爵」はたしかにとても口にできないような残虐行為を働き、グローバリゼーションの広がりによって彼らの伝統的な社会構造はたしかにひっくり返された。しかし、私の前に立っていたシャーマンは、自らが置かれている環境の犠牲者ではなく、どんな逆境をも切りひらくマスターであり、自らの文化を運ぶ船だったのだ。彼が誇りとするアマゾンの人々は、ジャングルの過酷な環境にも完璧に順応し、最先端の薬品を扱う研究室に匹敵するレベルで植物を研究し、薬や毒として使いこなしていた（より詳しくはマーク・プロトキン博士かウェイド・デイビス博士の著書などを参照）。

アマゾンの人々はインカにも、スペインにも、「泥棒男爵」にも耐え抜いて生き続けた。そして今は現代にも完璧に順応している。ただ生き延びるためだけではなく、成長するために、伝統と現代をブレンドさせた新しい自己を確立した。シピボのシャーマンと接してはっきりわかったことがある――彼も私も、「彼の」人々も、「私の」人々も、みんなただ幸せな人生を送りたいだけなのだ、と。愛されたいし、成功したいし、夢や希望を持っているのだ。私たちはみな地球生まれ。それぞれの「ジャングル」でどう生きるかは、個人の自由である。しかし忘れてはならないのは、どんな生き方を選んでも、環境になんらかの影響を及ぼすということだ。

ホセの言葉は私に希望を与えた――責任ある開発は流れを変えられるかもしれない。マエストロやマヤントゥヤクの人々は、メープルのことを「善き隣人」であると言っていた。石油や天然ガス会社は、ジャングルの擁護者になれるのかもしれない。経済成長と環境保護は共存できるのかもしれない。新しいパラダイムに順応するためのギブアンドテイク、伝統と現代の微妙なバランス、「先住民であることを忘れた先住民」という理解しにくい事柄、状況次第では石油会社はジャングルの擁護者になりうるという予想外の事実――

想像以上に状況は複雑だ。現地の人々と石油会社は、ジャングルを大切にしたいという気持ちのもとに団結し、現状を好転させることができるはずだ。どうすればそれが実現できるかは、この複雑な状況を紐解くことによって見えてくる——が、いまはまだ見えない。

ホセの声が私の頭の中に割り込んできた。「アグア・カリエンテ・ドームですよ!」目の前のジャングルから突き出ている広大な地形を指差して言った。この距離からだと、ドームの原生林が周りから浮いているように見える。

「この辺りはほとんど伐採されたので、私たちのジャングルはこの付近に生息する野生動物にとってのオアシスとなりました。私たちは常に密猟者や採伐者、特に火を点けていく者たちを見張っています。このエリアにはガス管がありますからね」とホセは言った。

「私はこのジャングルを愛しています」。彼は続ける。「何年もここで働いています。子どもたちを教育するうえでも、生活の糧を得るという意味でも、ジャングルには助けられています。少しずつジャングルがなくなっていく姿を見ると、心が痛みます。もうじき油田付近のジャングルはすべて伐採されるでしょう。私が恐れているのは、利益をもたらさなくなった油田から投資家が手を引くことです。私たちのジャングルは長くは持たないでしょう」

気づいたら、うっそうと茂る美しい原生林の中を車は走っていた。メープルのジャングルに差しかかったのだ。ほどなくしてドーム型の丘の上にあるアグア・カリエンテ油田に辿り着いた。大きな木造建築物がいくつかある。50年代に赤道付近のアメリカ在外基地にあったようなスタイルの造りをしている。そこにあるものはすべて清潔で、整っていて、メンテナンスが行き届いている。ペンキで塗られた大きな看板があり、ゴミをきちんと捨てるよう、環境を守るよう、野生動物に危害を加えないよう、作業員に訴えかけている。新参者はジャングル内での安全と環境責任について、徹底的なトレーニングを受ける。私も例外ではなかった。

野外調査は順調に進み、週の終わりには分析に必要なサンプルや計測結果を得られた。ここを離れる前にやっておきたいことがひとつ残っている。マエストロを訪ねなければ。メープルガスもマヤントゥヤクも、お互いに火を点けていく者たちからジャングルを守るという共通の目的がある。私はホセを一緒に連れて行った。

油田からマヤントゥヤクへの道のりは険しい。舗装された道路はなく、ジャングルを抜けていく道が一番早い。距離的には最北の油井から1・6キロほどしかないが、地形は厳しく、うれしいことに、原生林で埋め尽くされている。私たちは深く生い茂る草木をかき分けながら、落ち葉で溢れかえるデコボコした道なき道を、必死になって進んだ。2時間後、ようやくマヤントゥヤクに着いた頃には大雨が降っていた。いつも通り私は、ガーディアンツリー「エル・カメ・レナコ」がある崖のほうに目をやる。恐ろしいことに、マヤントゥヤクを象徴するその木は半分に折れていた。上半分は部分的にまだ幹とつながっているのだが、偉大なる木のゴルゴンの頭は川の激しい流れに浸かっている。マヤントゥヤク、そしてマエストロにとって、これはただごとではない。

ホセをマロカに残して、私はマエストロの家へ走る。彼はハンモックに揺られていた。驚いた様子で私を見る。「アンドレス！」彼は言った。ハンモックからゆっくりと立ち上がり、弱々しく私を抱いて迎えてくれた。具合が悪そうだ。

私は聞く。「大丈夫ですか？」

「『エル・カメ・レナコ』を見ましたか？」彼は聞いた。絶望の表情を浮かべている。「私たちはみな老います。私は悲しい。そして少し体調を崩しています。具合が悪いことは別にいいのです。まだ学ぶべきことがあると教えてくれますから。教えてください。ここに来るまでの経緯を」

すべてを説明した。モーラン資料、メープルとの野外調査、ジャングルを抜けてきたこと。少し不安だったが、メープルの地質学者と会う気はないか聞いてみた。彼は快諾した。「メープルは善き隣人です。お互いに干渉しないよう、距離を取っています。連れてきてください」

マエストロのテラスに座り、私は双方を紹介した。ほどなくして、マエストロとホセはジャングルへの想いと、いま直面している脅威について語り合い始めた。

「メープルは永遠にここにいるわけではありません」。ホセがマエストロに向かって言う。「やがて石油は尽きます。私たちが去ったあとのジャングルが心配で仕方ありません。もしまだこの場所を法的に保護してもらうことを検討されていないようなら、すぐに、どうやったら守ってもらえるか調べ始めることを強く推奨します。ジャングルを守るというあなたの計画を、アンドレスが手伝っていることは知っています。彼の調査はここの未来にとって重要です。プカルパに環境省のオフィスがあります。そこも何か手伝ってくれるかもしれません」

真剣に話を聞いていたマエストロは、ホセがしゃべり終わると頷いた。何をすればいいか、はっきりしたようだった。

1時間後、ホセと私はパチテア川へ向けて出発した。フランシスコ・ピサロが私たちをメープルの船溜まりへと船で送ってくれる。雨は止んだ。ジャングルの今や見慣れた小道を、私たちは急ぎ足で歩いた。

パチテア川への道のりを半分ほど進んだあたりで、目を疑うような光景が私の足を止めた。ジャングルの塊が――なくなっている。大きな切り株が散在していて、その周りには荘厳な木々のおがくずの山がある。

伐採された土地の端に静かに佇み、破壊の跡を見つめる。1年もしないうちに、「煮えたぎる川」のジャングルの大部分は、消えた。

ホセは辺りを見てまわって、怒りと悲しみに震える声で言った。「相当たくさん木材として使える木があったんでしょうね。でなければ、ここはすでに燃やされているはずです。次に来たときにはそうなっているでしょう」

サーモグラフィカメラは最も安全かつ早く正確に「煮えたぎる川」の水温が計測できる。

第14章

パイティティ

2014年5月。マヤントゥヤクに戻ってから最初の夜。マロカの電球が照らすなか、座って野外調査の準備をする。パチパチ音を立てるマヤントゥヤクの発電機でノートパソコンを充電した。精霊たちが音を気にしている、とマエストロが言った。

いずれマヤントゥヤクでも24時間、電気と電話、それにインターネットも使えるようになるだろう。こうした機器は、コミュニティの生活をより楽で便利で快適にしてくれ、監督と保護の助けとなってこのエリアを守ってくれる。しかし、それらがここの人々の生活にもたらす変化を考えると、少し不安な気持ちになるのを抑えられない。

最後に来てから9カ月、ここは大きく変わった。ホセが言ったとおりだ。ジャングルがどんどん消えていっている。

グーグルのサポートのおかげで「煮えたぎる川」付近の高解像度画像を入手できた。グーグルで働く仲間が、画像は最近のものではないし、おそらく撮影以後、森林伐採がさらに加速しているだろうと言っていた。彼は正しかった。

2004年、2005年、2010年、2011年と、その画像に現実を突きつけられた。燃やされた跡、牧草地になったところ、森林伐採が年を経るごとに広がっている。それでも、今回の2014年のジャングルの旅は予想外だった。9カ月前なら、プカルパからマヤントゥヤクまで、車で2時間、ペケペケで30分、さらにジャングルを歩いて1時間かかった。けれど今年は、森林伐採の結果3時間の快適なドライブで終わった。道中のジャングルは、牧草地に取って代わられ、黒焦げになった木の残骸と、草を食む牛が点在する土地になってしまっていた。

この衛星画像を、1940年代の航空写真と比較すると心が痛む。まだこのエリアのほとんどはジャングルに覆われていた。それでも、石油会社が管理するエリアは、度重なる開発にもかかわらず、ほとんど変わっていない。開発はこれからも進む。が、だからといって必ずしも破壊が進むわけではない。責任と配慮をもって行なわれれば、開発はエリアを破壊するのではなく守ることにつながるのだ。私の横には空のサンプルの瓶と、今週の野外調査の内容を書き込むノートがある。このすばらしい地熱系を独自のものにしているのは何なのか、その詳細を記録することが、この地域の未来を確かなものにするのだ。新たに得たデータを用いて、ここがなぜすばらしい場所なのか、なぜ守るべき価値があるのか、それを世界に知らせようと私は努力している。そして誰であれここを管理する者が「煮えたぎる川」の価値を理解できるように努めてもいる。さいわいなことに、私はひとりではない。マヤントゥヤクの「部族《トライブ》」はこのジャングルの人々だけでなく、世界中からこのすばらしい場所を訪れて、私と同じようにここを愛する、数えきれない外国人たちも含んでいる。川が私たちをみな集結させたのだ。あるカナダ人グループは現地の人々と協力して、マヤントゥヤクのエコロジカル・フットプリントを最小限に留めるよう取り組んでいる。イタリア人たちもマヤントゥヤクと共同で植物薬の効能を一つひとつ確認し、アメリカ人たちはこの地が持つ人類学上の重要性について共同研究している。私はといえば、自分の調査を続け、「煮えたぎる川」が法的保護を受けられるようジャングルと都市部からペルー人をここに集める予定だ。

発電機が静かになり、明かりがゆっくりと明滅しながら消えるまで、私は作業を続けた。

「ラ・ボンバ」で水のサンプリングを行なう。渦を巻きながら泡立つこの箇所の水温は約97℃。両手は耐熱手袋によって一時的に高温から守られてはいるが、蒸気から身を守りつつ、落ちないように、身を低くした体勢を維持する。

確信に満ち、明日の野外調査を待ちきれない思いで、暗闇の中を自分の小屋へと歩いて戻る。星空の夜に目が慣れると、ついさっきまで電気の光なしではただの暗闇でしかなかったこの世界に驚嘆した。

1週間はあっという間に過ぎた。毎日、水や石や鉱物のサンプルを集めた。ラボに戻ってそれらを分析する予定で、水と、水が流れる岩層との関係の理解が深まればと願っている。今年は初めて、「煮えたぎる川」近辺に生息する藻やバクテリア、微生物などの極限環境生物を調べる。ほとんどの生物はここまで高温だと生きることはできない。

マヤントゥヤク出発の前夜、小屋から出て涼しい夜の空気に触れる。さよならを言うときが来た。マエストロはハンモックに心地良さそうに寝転がっていた。その横のクッションに座って、われらの年老いたジャングルガイドのルイスがマポチョを吸っている。マエストロの新しい弟子となったマウロは、低いプラスチックの椅子に腰掛けていた。

「ブエナス・ノチェス（こんばんは）」。私は呼びかける。

「おお、若き博士さん！」マエストロは微笑む。煙の奥で目が光っている。

「先週はほとんど顔を合わせませんでしたね」。マウロが言う。

「作業をしていたのです」と私は答える。

「本当ですよ」とルイスは言った。「何度も彼を見ました。いつもひとりで川と一緒でした」。そして、私のほうを向いた。「ジャングルでの歩き方が変わりましたね」

私はびっくりした。「いつ私を見たのですか？　ずっとひとりだと思ってましたよ！」ルイスはちゃめっ気のある笑みを浮かべる。

「その通り。彼は歩き方が変わりましたね」。マエストロは言う。「調査のほうはいかがですか？」

調査の進捗について彼と共有した。彼は熱心に耳を傾ける。計測結果を通してその存在意義を訴える「偉大なる文明」に歩み寄ろうとしているのだ。

川ができたプロセスとメカニズムを明らかにすれば、優先的に保護すべき地上および地下の場所を特定できるだろうと伝えた。そして、アマゾンの人々もそうでない人々も一緒になって、精霊たちを尊重しジャングルを守る方法を見つけると、念を押した。

「マエストロ」。私は言う。「初めてここに来てからずっと、外国人のあいだにおけるマヤントゥヤクの知名度の高さに驚かされてきました。一方、ペルーではほとんど知られていない。なぜそうなったのでしょうか?」

渦を巻いて立ち上るマポチョの煙の向こうで、彼が微笑むのが見えた。「最初はアマゾンの人々のためだけの場所にしたかったのです。私たちの文化とジャングルを存続させるために。しかし、人々は『偉大なる文明』によって魅了されてしまいました。若者はリマにしか住みたがらないし、老人はジャングルの扱い方を忘れてしまいました。私自身どうしたらいいかわからなくなったので、植物に聞いたら、ビジョンが見えたのです」

言葉を止めて私のほうをじっと見た。「2回目にあなたが来たとき、鼻の調子が悪くて薬をあげたのを覚えていますか?」

「もちろんです。イシュピンゴ。すごい効き目でした」

「イシュピンゴは大きな木で、とても強い精霊が宿っています。ビジョンの中で、私は偉大なるイシュピンゴの下に座っていました。すると、イシュピンゴの精が背の高い細身の白人として目の前に姿を現したのです。白い服に身を包み、白くて長い髭を生やしていました。その男のすべては白く輝いていました。なぜそのような姿なのかと聞いたら、ジャングルの救済は外国人によってもたらされると答えたのです。翌日、私は外国人の訪問者を初めて迎え入れ、今では外国人の弟子すらいます。イシュピンゴの精は正しかったのです。世界は変わった。お互いから学ぶときです。古《いにしえ》のやり方と『偉大なる文明』のやり方を相互に」

このジャングルは伝説とビジョンが生まれる場所なのだ——私はそう思っ

ジャングルで長い1日の作業を終え、マヤントゥヤクへの帰路につく。

た。突然、祖父から聞いた言い伝えの、ある枝葉が浮かんだ——マエストロにずっと尋ねたかった枝葉だ。今までは、まだ時が訪れていないと感じていたのか、あるいはバカっぽく見られるのが嫌だったのかもしれない。でも今は、彼の隣に座っていて、伝説は本当の可能性があることを知った。ついに勇気をふり絞るときが来た。

「マエストロ」。私は言う。「黄金の都市、パイティティは実在するのですか?」

マエストロは驚いて眉を上げた。「気づかなかったのですか?」

私は混乱して、彼を見る。

マエストロは笑うと、私たちの周りにあるジャングルを見るように指し示した。突然、理解できた。コンキスタドールがパイティティについて尋ねたとき、インカは嘘をついていなかったのだ。インカにとって黄金は生命のシンボルそのものだった。だから、黄金の都市とはすなわち、生命の都市だ。そもそもアマゾン以上に生命に溢れる場所などあるのだろうか? インカの復讐は言葉遊びを伴っていて、コンキスタドールにはその真の意味が理解できなかったのだ。

笑いがこみ上げ、驚きながら頭を振る。このジャングル、そしてこの川は守られるべき以上のものなのだ。世界はまだまだ不思議に満ちていて、どれだけ私たちの知識を集めても、自然は常に一歩先を行っていることの証拠なのだ。

暗闇を切り裂くヘッドランプの明かりを頼りに、小屋へと戻る。「エル・カメ・レナコ」の残った幹に差しかかると、歩みを止めて、川へと下る石段のほうを向く。岩だらけの川岸まで降りて、蒸気に包まれる。ゆっくりと、気をつけて、激流の真ん中にある大きな岩へと歩みを進めた。周りは一面、ジャングルが生命の音を奏でている。カエルの大合唱、虫のさえずり、枝葉のこすれ合う音、飛びゆくコウモリの地球上のものとは思えない声。その中心にあるのは、激しく波の音を辺りに響かせながら流れる川だ。立ち上る蒸気の渦が冷たい夜気の中を踊りながら、天の川の無数の星に仲間入りしていく。

文明の光がここに侵入するまで、あとどのくらいの猶予があるのだろう。私の仕事はそれを早めてしまうのだろうか？　科学に対して私の果たすべき責任とは何なのだろう？　ここに住む人々に対しては？　神聖なる川に対しては？　かつてマエストロは言った。「守るために隠すのです」。しかし、いま私たちは逆のことをやっている。発見したものを自ら破滅の危機へと追いやってしまう探検家について考えた。ここペルーで、ハイラム・ビンガムがマチュピチュを発見したとき、自分がこの国の文化と経済にどのような影響をもたらすか、世界がどう思うか、想像したのだろうか？　「ここを世界に公表した場合、どうやってここを存続させればいいのだろう？」と、遺跡の中でひとり座って一晩考えたりしたのだろうか？　存続の道は、この驚くべき自然現象を守る必要があるのだと世界に示すことだと、私の本能は訴えかける。しかし、それが間違っていたらどうしよう？

岩の上に立って、気づいた。私は川を調査することによって、地質学や地熱徴候、先住民の文化といったもの以上に、自分自身について学んだのだと。マエストロが言ったように、「この川は私たちが見なければいけないものを見せてくれる」。ある日友人が私に、なぜあなたはここへ何度も戻ってくるのかと聞いてきた。今ならわかる。ここにいると、意識的にならざるをえないし、自らの限界を直視させられ、その中で行動するようになるからだ。一歩一歩、計算する必要がある。間違えば痛みを伴う。自らの注意をそらしている余裕はないのだ。

ヘッドランプが照らす狭い範囲に集中すると、光の外にある暗闇の深さがよりいっそう引き立つ。暗闇に覆われ、あるいは日常に隠されてそこに横たわる不思議について、私は熟考する。暗闇は教えてくれた。既知と未知、神聖なるものと取るに足らないもの、日常にありふれたものと未だ発見されていないもの。その線引きをしているのは私たちのものの見方なのだ。

暗闇が恋しかった。

エピローグ

たまに本棚にある「ジャングルのハート」の化石に手を伸ばしたり、机の引き出しから、ジャングルの香りがまだ残るフィールドノートを取り出したりする。ノートはアマゾンの雨と川の蒸気ですっかりよれよれだ。フィクションだけが不思議なものの専売特許を持っているわけではない、と思い出す。過去数年にわたって私が集めたデータや写真、ビデオ、そしてその他の証拠がなければ、あの川で体験したことすべては夢だったのではないかとたまに間違えそうになる。

２０１５年７月。川はまだ法的な保護を受けていない。どの地図でも特別な場所として表示されていない。もし私たちが成功すれば、こうした現状はすべて変わり、ペルーには「新しい」不思議が生まれる。

やろうと思えば、2011年の時点で川のことを科学ジャーナルや主流メディアに公表することもできた。けれど、私は調査結果のほとんどを闇に隠しておくことにした。マエストロやサンドラ、さらにペルー国内あるいは国際的な保全機構と密に連携し、川のことを責任を持って世界に紹介する準備をいま進めている。

私たちのゴールは、責任ある開発を通じて、そこに住む人々に権利と利益をもたらすことだ。現地の人々の準備が整わないうちに発表していたら、コントロール不能な開発や無責任な観光事業を生んでいた可能性がある。川にとって良い方向に進むどころか、かえって悪い方向に進んでいただろう。

マヤントゥヤクとサントゥアリオ・ウィシュティン（「煮えたぎる川」にある別のアマゾンのヒーリングセンター。マエストロのかつての弟子が運営している）との共同作業では、コミュニティにとっての最良の未来を自分たちで決められるよう、情報を提示している。マヤントゥヤクはエコツーリズムの活動を広げようと取り組んでいる。ジャングルに与える環境的な影響を最小限にとどめ、アシャニンカ文化と伝統的な薬についての教育センターを作ろうとしているのだ。マエストロのイシュピンゴのビジョンは現実になろうとしている。マヤントゥヤクの「部族《トライブ》」はそこを守ろうとする世界中の人々を含むまでに成長した。

来月、私はジャングルに戻り、最後のサンプルを集めて、5年間に及んだ「煮えたぎる川」の調査を終わらせる。まだ研究は終わっていないが、さしあたっての結果は、世界は本当に、私が想像していた以上にすばらしいところなのだと物語っている。カリフォルニア大学デービス校の微生物学者、ジョナサン・アイゼン博士と、ナショナルジオグラフィック協会の遺伝学者、スペンサー・ウェルズ博士を入れた私たちのチームは、致死的な温度の「煮えたぎる川」の水中や近辺に生息する、今まで発見されたことのなかった種類の極限環境微生物を発見した。こうした微生物がこのような極限状況でどうやって生き延びているのかを理解し、地球上の他の地熱系に生息する極限環境微生物と比較する。そうすることによって、この星の生命はどこから来たのかを、理想的に言えば、解明する手がかりになるかもしれない。

ペルーのアマゾンで他にも温水の川を発見したが、その規模と水量は「煮えたぎる川」に遠く及ばない。こうした複雑なシステムをめぐる、科学的あるいは政治的な努力はここですべて詳述することはできない。より詳しく知りたい方、あるいはこの活動を直接支援したい方は、boilingriver.org（スペイン語はriohirviente.org）をご覧いただきたい。そこでは、この偉大なる自然の不思議をもっと深く知りたいという人向けに、科学的なデータやその他の情報を公開している。この世界にはたくさんの未発見がある。日常に紛れて見えない未発見が——知らないものの中にも、知っていると思っているものの中にも。好奇心を持とう。何気なく通りすぎる風景やグーグルアースの衛星写真の中、ストーリーのごくごく小さな枝葉の中に意味があるのだ。来年中に私の研究の第1段階は終わりを迎える。「煮えたぎる川」は地図に載る。そして私はようやくラボの外に出て、これまで集めてきた水のサンプルを地面に撒く。かつてマエストロが言ったとおり、水が自分の家に帰れるように。

謝辞

心からの感謝の意を込めて、その愛とサポート、指導でもってこの仕事を可能にしてくれた、個人や組織に御礼を申しあげます。

私が知る最も偉大なストーリーテラー、祖父のダニエル・ルーソ。おばのギダとおじのエオ・ガステルメンディ——そして彼らのディナーパーティ。両親のアンドレスとアナ、大叔父のオクタビオ、名付け親のハビエル、そして幸運にも私の家族と呼ばせてもらっている最高の人たち。

「煮えたぎる川」とジャングル、そこを見守り、その不思議を世界と共有する名誉を与えてくれた人々、ありがとう。特にマエストロ・フアン、サンドラ、ルイス、マウロ、ブランズウィック、そしてマヤントゥヤクのコミュニティの皆さん。また、マエストロ・エンリケ、サントゥアリオ・ウィシュテインコミュニティ、メープルガスの皆さん、とりわけ、ホセ・カルロス。

TEDへ。あなたたちのトークは私の人生を変えました。あなたたちのミッションのお手伝いができたことを光栄に思っています。ケリー・ストウッエル、ライブズ、ブルーノ・ジュッサーニ、クリス・アンダーソン、エリン・ガットマン、アレックス・ホフマン、そしてTEDファミリーの皆さん、ありがとう。

編集者のミシェル・クイントに格別の感謝を伝えたい。あなたの努力と忍耐、献身が、ひとつのアイデアを、広める価値のある本にしてくれました。本当にありがとう。

SMUのコミュニティへ、ありがとう。マリア・リチャーズ、デビッド・ブラックウエル、アンドリュー・クイックサル、ドリュー・アレト、ジュマナ・ハジ・アベド、アル・ワイベル、カート・ファーガソン、ロイ・ビーバーズ、ロバート・グレゴリー、博士論文審査会の皆さん。TEDトークを初めて私に紹介してくれたジム・ヤングとキャロル・ヤング、シャロン・ライルとボビー・ライルにも感謝しています。

　アルフォンソ・カジエハス、カルロス・エスピノサ、ピーター・クツォゲオルガス、バジル・クツォゲオルガス、ホイットニー・オルソン、ホセ・ファジリ、デブリン・ガンディ、ありがとう。シャノン・Ｋ・マッコール、彼の家族、テリオスコーポレーション。グーグルの皆さん、なかでも特にチャールズ・バロンとクリスチャン・アダムス。地熱資源審議会の皆さん。ウィリアム・Ｅ・ジプソンとＡＡＰＧ。ホセとフェリペ・ケクラン、マーク・プロトキン、ペルー環境権協会、カリフォルニア大学サンタバーバラ校、モーラントラスト、ＩＮＧＥＭＭＥＴ、ペルーペトロ、ドナルド・トーマス、ジョナサン・アイセン、スペンサー・ウエルズ。ナショナルジオグラフィック協会の同僚の皆さん、特にエミリー・ランディス、クリス・ソーントン、ウエイド・デイビス。そして、ナショナルジオグラフィック・ラーニングとその教材を使う、研究資金を提供してくれた学校。そこから学び、このすばらしい世界を守りたいという気持ちにさせてくれた子どもたち。

最後に、最も大切な、私の妻ソフィーアにありがとうと伝えたい。あなたなしではこの本は絶対に完成しませんでした。あなたは私の岩です――地質学者である私にとって、それがどれだけ大事なことかは言うまでもありません。

写真クレジット

12ページ……「煮えたぎる川」／ソフィーア・ルーソ
68ページ……パチテア川を船で進む／アンドレス・ルーソ
74ページ……消えゆくアマゾン／デブリン・ガンディ
80ページ……マヤントゥヤクの敷地境界線に立つアンドレス／ギダ・ガステルメンディ
90ページ……エル・カメ・レナコ／ソフィーア・ルーソ
92ページ……水の化学的指紋を採取する／デブリン・ガンディ
96ページ……夜と競争／デブリン・ガンディ
106ページ……生きながらにして煮える／アンドレス・ルーソ
124ページ……2012年の「煮えたぎる川」選抜チーム／エバ・スツーレット
138ページ……シャーマンと川／デブリン・ガンディ
158ページ……神聖なる水／デブリン・ガンディ
178ページ……大惨事のあとのアマゾニア／アンドレス・ルーソ
194ページ……サーモグラフィカメラを持つアンドレス／ソフィーア・ルーソ
200ページ……97°Cの熱湯のサンプル採取は楽じゃない／デブリン・ガンディ
206ページ……ジャングルでの長い1日／デブリン・ガンディ

著者紹介

アンドレス・ルーゾ(Andrés Ruzo)はアメリカ、ニカラグア、ペルーで育った。彼の生い立ちは、帰属するアイデンティティの危機を少々招いたものの、世界の問題は国境によって区切られるものではなく、エネルギーと資源が共通する根源だと教えてくれた。そう気づいた彼は地熱学を研究する道に進んだ。アメリカの南メソジスト大学で地質学と財政学の学位を取得。現在は同大学の地球物理学の博士課程に在籍している。環境に対する責任と経済の繁栄は両立できると信じ、その2つの目的を科学によって統合しようとしている。『ナショナルジオグラフィック』誌のエクスプローラー、熱心な科学コミュニケーター、教育コンテンツの情熱的な開発者でもある。

著者のTEDトーク

PHOTO:JAMES DUNCAN DAVIDSON/ TED

本書『煮えたぎる川』への導入となっているアンドレス・ルーゾの講演(12分間)は、TEDのウェブサイト「TED.com」にて無料で見ることができます。

www.TED.com

(日本語字幕あり)

本書に関連するTEDトーク

マーク・プロトキン「アマゾンの人々が知っている我々の知らないこと」

「アマゾンの熱帯雨林で最も絶滅の危機に瀕しているのは、ジャガーでもなければオウギワシでもなく、未接触部族である」とマーク・プロトキンは言います。情熱的でハッとさせられるこの講演で、民族植物学者の彼が、森に住む先住民やシャーマンが治療に使う驚くべき薬草の世界へと私たちを誘ってくれます。そして未接触部族に迫る問題や危機、彼らの知恵を描き出し、このかけがえのない知の宝庫を守る必要を訴えます。

ネイサン・ウルフ「探検すべきものに何が残っているのか？」

私たちは月に行き、大陸を地図に記し、海の最も深い部分にも到達しました——2回も。次の世代が探検すべきものとして残っているものとは? 生物学者で探検家のネイサン・ウルフは答えを示します。ほぼ、ありとあらゆるもの。私たちは始められる。目に見えない小さな物の世界とともに。

アントニオ・ドナト・ノブレ「アマゾンの魔法：私たちの周りを流れる見えない川」

アマゾンの川は心臓のようなもの。海から水を引いて流し、肺のような働きをする600億の木々を通して大気へと上昇させる。雲ができ、雨が降り、ジャングルが栄える。叙情詩のようなこのトークで、アントニオ・ドナト・ノブレはこの地域の密接につながり合っているシステムについて解説し、それが全世界の環境にどんな貢献をしているか語ります。自然というすばらしいシンフォニーについての寓話です。

ルイ・シュワルツバーグ「自然の世界に秘められた奇跡」

私たちは目に見えない美に満ちた世界に生きています。ただあまりに小さく繊細なため、人の目では見ることができないのです。この世界に光を当てるため、映像作家のルイ・シュワルツバーグは高速度カメラ、微速度撮影、電子顕微鏡を駆使して時空の境界をねじ曲げます。TED2014で彼は最新作の3D映画『見えざる世界のミステリー』を紹介し、驚くべき自然の姿をスローダウン、スピードアップ、拡大してお見せします。

判断のデザイン

チップ・キッド

坪野圭介 訳　本体1700円+税

何事も第一印象がすべて。その見た目をどう判断し、どうデザインすれば良いだろう? 村上春樹作品(アメリカ版)の装幀でも知られる「世界一有名なブックデザイナー」が導入するのは「明瞭(!)」か「不可解(?)」か、という基準だ。ダブルクリップに地下鉄のポスター、ATMにタバコのパッケージ……「!」と「?」とで世界の見方を再定義する、デザイン=認識の技術。

知らない人に出会う

キオ・スターク

向井和美 訳　本体1500円+税

「壁」の向こう側に、世界は広がっている。勇気を出して、知らない人に話しかけてみよう。ちょっとした会話でも、驚きと喜びとつながりの感覚を呼び起こしてくれる。その体験は、日々の暮らしに風穴を開け、この「壁の時代」に政治的な変化をも生み出す。「接触仮説」は正しいか。「儀礼的無関心」をどう破るか。他者との出会いを研究する著者が、異質なものとの関わっていく「街中の知恵」を説く。

シリーズ案内

恋愛を数学する

ハンナ・フライ

森本元太郎 訳　本体1300円+税

あらゆる自然現象と同じく、人間の恋愛もパターンに満ち溢れている。ならば、数学の出番。恋人の見つけ方から、オンラインデートの戦略、結婚の決めどき、離婚を避ける技術まで、人類史上もっともミステリアスな対象＝LOVEに、統計学やゲーム理論といった数理モデルを武器にして挑む。アウトリーチ活動に励む数学者が、「数学と恋愛する」楽しさをも伝える。

なぜ働くのか

バリー・シュワルツ

田内万里夫 訳　本体1400円+税

不満を抱えながら働く人がこんなにも多い原因は「人間は賃金や報酬のために働く」という誤った考え方にある。今こそ、仕事のあり方をデザインしなおし、人間の本質を作り変えるとき。新しいアイデア・テクノロジーが必要だ。そうすれば、どんな職務にあっても幸福・やりがい・希望を見出だせる。仕事について多くの著書を持つ心理学者が提案する、働く意味の革命論。

TEDブックスについて

TEDブックスは、大きなアイデアについての小さな本です。一気に読める短さでありながら、ひとつのテーマを深く掘り下げるには充分な長さです。本シリーズが扱う分野は幅広く、建築からビジネス、宇宙旅行、そして恋愛にいたるまで、あらゆる領域を網羅しています。好奇心と学究心のある人にはぴったりのシリーズです。

TEDブックスの各巻は関連するTEDトークとセットになっていて、トークはTEDのウェブサイト「TED.com」にて視聴できます。トークの終点が本の起点になっています。わずか18分のスピーチでも種を植えたり想像力に火をつけたりすることはできますが、ほとんどのトークは、もっと深く潜り、もっと詳しく知り、もっと長いストーリーを語りたいと思わせるようになっています。こうした欲求を満たすのが、TEDブックスなのです。

TEDについて

TEDはアイデアを広めることに全力を尽くすNPOです。力強く短いトーク(最長でも18分)を中心に、書籍やアニメ、ラジオ番組、イベントなどを通じて活動しています。TEDは1984年に、Technology(技術)、Entertainment(娯楽)、Design(デザイン)といった各分野が融合するカンファレンスとして発足し、現在は100以上の言語で、科学からビジネス、国際問題まで、ほとんどすべてのテーマを扱っています。

TEDは地球規模のコミュニティです。あらゆる専門分野や文化から、世界をより深く理解したいと願う人々を歓迎します。アイデアには人の姿勢や人生、そして究極的には未来をも変える力がある。わたしたちは情熱をもってそう信じています。TED.comでは、想像力を刺激する世界中の思想家たちの知見に自由にアクセスできる情報交換の場と、好奇心を持った人々がアイデアに触れ、互いに交流する共同体を築こうとしています。1年に1度開催されるメインのカンファレンスでは、あらゆる分野からオピニオンリーダーが集まりアイデアを交換します。TEDxプログラムを通じて、世界中のコミュニティが1年中いつでも地域ごとのイベントを自主的に企画運営・開催することが可能です。さらに、オープン・トランスレーション・プロジェクトによって、こうしたアイデアが国境を越えてゆく環境を確保しています。

実際、TEDラジオ・アワーから、TEDプライズの授与を通じて支援するプロジェクト、TEDxのイベント群、TED-Edのレッスンにいたるまで、わたしたちの活動はすべてひとつの目的意識、つまり、「素晴らしいアイデアを広めるための最善の方法とは?」という問いを原動力にしています。

TEDは非営利・無党派の財団が所有する団体です。

訳者紹介

シャノン・N・スミスは1978年、東京都でアメリカ人の父と日本人の母のあいだに生まれ、幼稚園から大学を中退するまですべて日本でアメリカ式の教育を受けて育つ。日英バイリンガル。株式会社アドバンスト・メディアにて言語モデル開発者やSEとして勤務し、2014年に翻訳者・英語講師・マインドフルネスの講師として独立。日英／英日問わず幅広いジャンルの翻訳をこなし、過去にはTEDxHimiの翻訳チームで日英翻訳者兼プルーフリーダー、翻訳チームアドバイザーも担当。TEDxHimiスピーカーキュレーター、また、TEDxスピーカーとしての経験もある。翻訳書としては本書が初めて。

TEDブックス
煮えたぎる川

2017年9月20日　初版第1刷発行

著者：アンドレス・ルーソ
訳者：シャノン・N・スミス

ブックデザイン：大西隆介+椙元勇季（direction Q）
DTP制作：濱井信作（compose）
編集：綾女欣伸（朝日出版社第五編集部）
編集協力：平野麻美+石塚政行（朝日出版社第五編集部）

発行者：原 雅久
発行所：株式会社 朝日出版社
〒101-0065 東京都千代田区西神田3-3-5
tel. 03-3263-3321　fax. 03-5226-9599
http://www.asahipress.com/

印刷・製本：図書印刷株式会社

ISBN 978-4-255-01016-8 C0095